技工院校数控类专业教材（高级技能层级）

CAD/CAM应用技术
实训图集（装配体篇）

沈建光　主编

中国劳动社会保障出版社

简介

本书作为 CAD/CAM 应用技术系列教材的实训图集，适用于该系列教材中的所有软件系统。本书主要内容为 30 个装配体的装配图及除标准件外所有零件的零件图。本书由沈建光任主编，朱勤惠、蒋俊、沈建峰参与编写，崔兆华任主审。

图书在版编目（**CIP**）数据

CAD/CAM 应用技术实训图集．装配体篇 / 沈建光主编．
北京：中国劳动社会保障出版社，2024. -- （技工院校
数控类专业教材）. -- ISBN 978-7-5167-6660-6

Ⅰ. TP391.7

中国国家版本馆 CIP 数据核字第 2024UR8873 号

中国劳动社会保障出版社出版发行

（北京市惠新东街 1 号　邮政编码：100029）

*

北京市艺辉印刷有限公司印刷装订　　新华书店经销

787 毫米 ×1092 毫米　16 开本　10.5 印张　223 千字

2024 年 12 月第 1 版　　2024 年 12 月第 1 次印刷

定价：29.00 元

营销中心电话：400-606-6496

出版社网址：https://www.class.com.cn

https://jg.class.com.cn

目　录

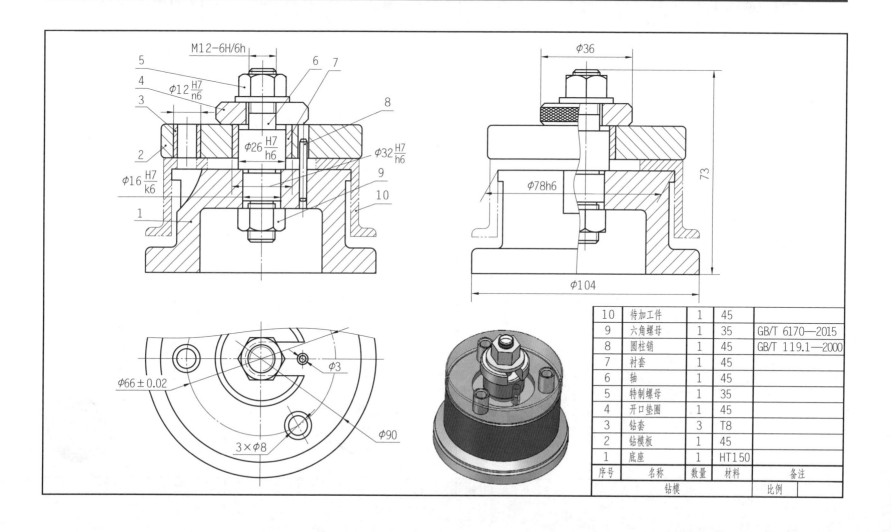

任务一　钻　　模

10	待加工件	1	45	
9	六角螺母	1	35	GB/T 6170—2015
8	圆柱销	1	45	GB/T 119.1—2000
7	衬套	1	45	
6	轴	1	45	
5	特制螺母	1	35	
4	开口垫圈	1	45	
3	钻套	3	T8	
2	钻模板	1	45	
1	底座	1	HT150	
序号	名称	数量	材料	备注
钻模			比例	

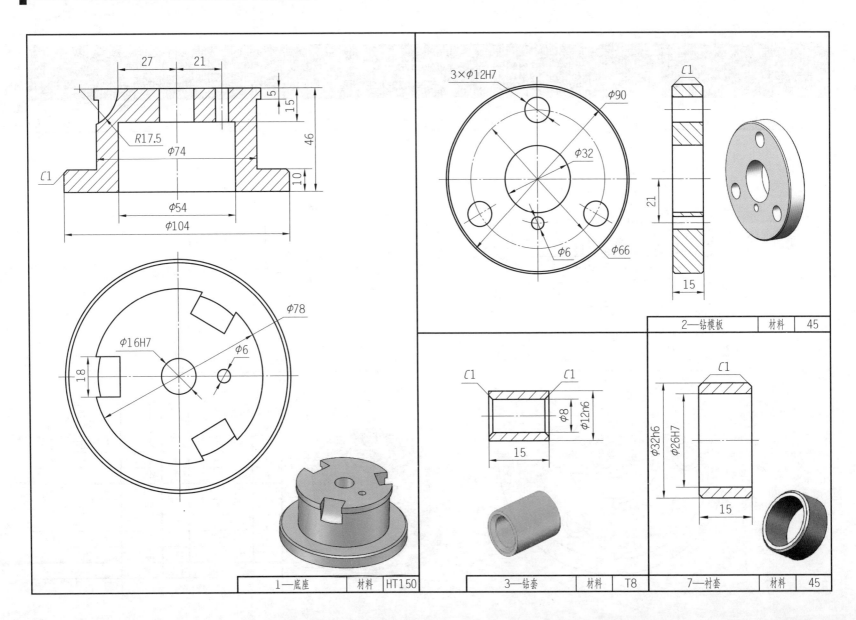

1—底座	材料	HT150

3—钻套	材料	T8

2—钻模板	材料	45

7—衬套	材料	45

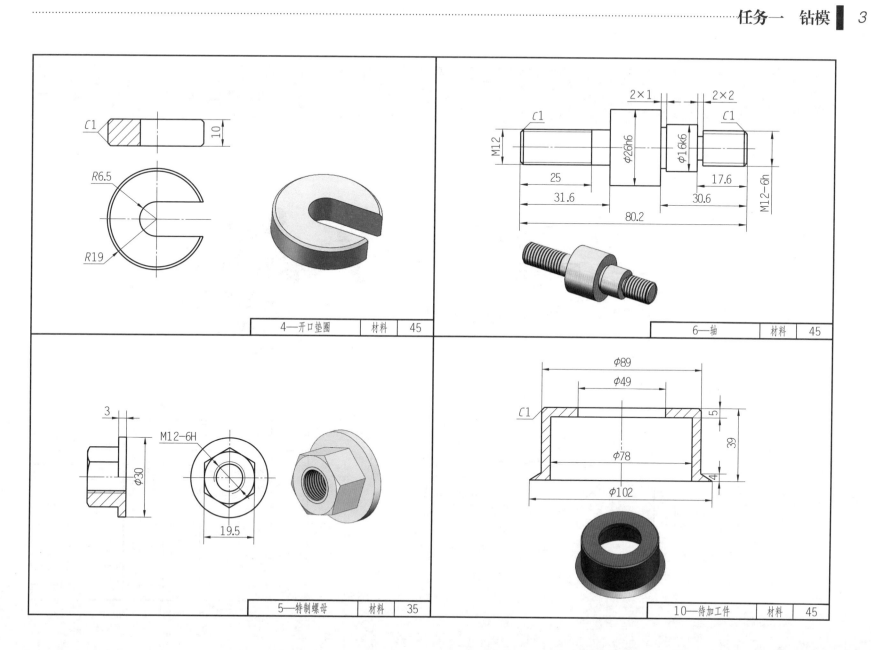

| 4—开口垫圈 | 材料 | 45 |

| 6—轴 | 材料 | 45 |

| 5—特制螺母 | 材料 | 35 |

| 10—待加工件 | 材料 | 45 |

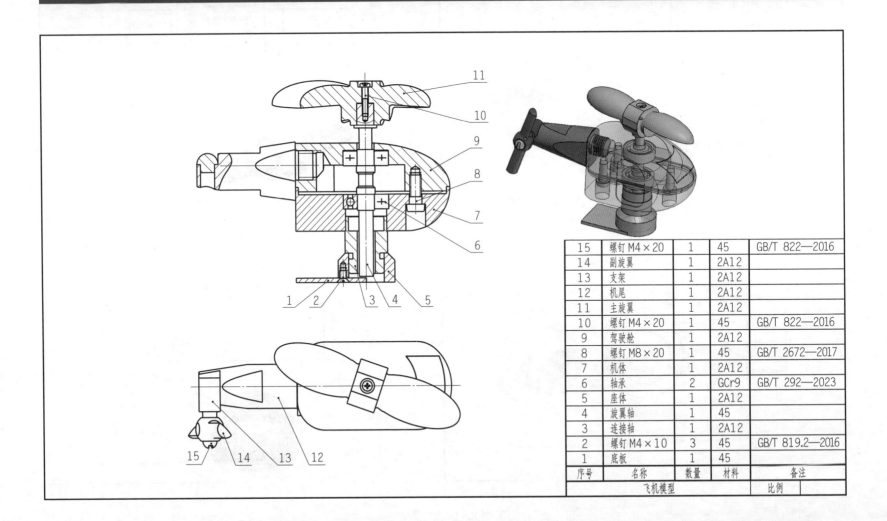

任务二 飞机模型

序号	名称	数量	材料	备注
15	螺钉 M4×20	1	45	GB/T 822—2016
14	副旋翼	1	2A12	
13	支架	1	2A12	
12	机尾	1	2A12	
11	主旋翼	1	2A12	
10	螺钉 M4×20	1	45	GB/T 822—2016
9	驾驶舱	1	2A12	
8	螺钉 M8×20	1	45	GB/T 2672—2017
7	机体	1	2A12	
6	轴承	2	GCr9	GB/T 292—2023
5	座体	1	2A12	
4	旋翼轴	1	45	
3	连接轴	1	2A12	
2	螺钉 M4×10	3	45	GB/T 819.2—2016
1	底板	1	45	
飞机模型				比例

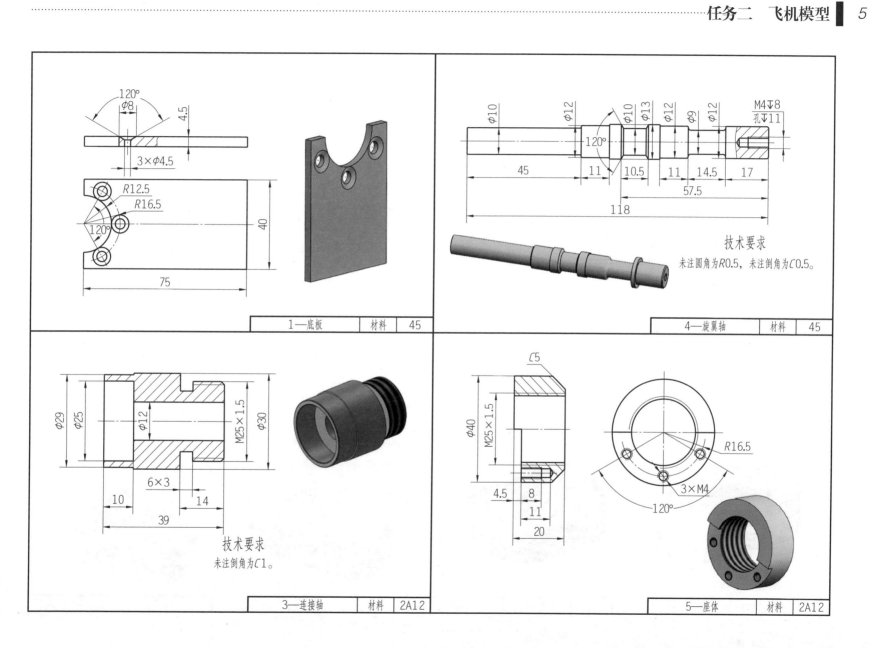

120°
φ8
4.5
3×φ4.5
R12.5
R16.5
120°
40
75

1—底板　材料　45

φ10
φ12
120°
φ10
φ13
φ12
φ9
φ12
M4▽8
孔▽11
45
11
10.5
11
14.5
17
57.5
118

技术要求
未注圆角为R0.5，未注倒角为C0.5。

4—旋翼轴　材料　45

φ29
φ25
φ12
M25×1.5
6×3
10
14
39

技术要求
未注倒角为C1。

3—连接轴　材料　2A12

C5
φ40
M25×1.5
4.5
8
11
20
R16.5
3×M4
120°

5—座体　材料　2A12

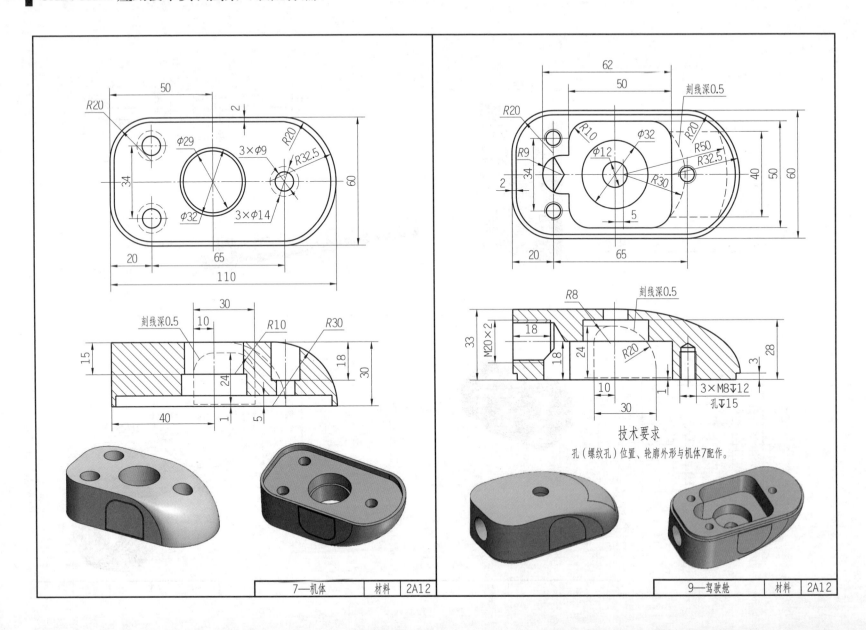

7—机体	材料	2A12

技术要求

孔（螺纹孔）位置、轮廓外形与机体7配作。

9—驾驶舱	材料	2A12

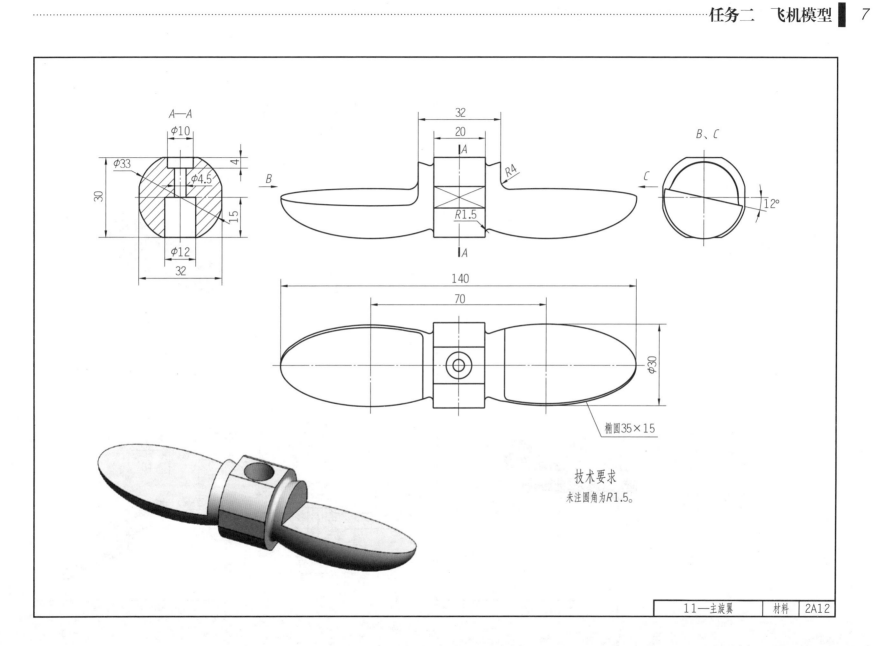

A—A
ϕ10
ϕ33
ϕ4.5
4
30
15
ϕ12
32
32
20
A
R4
B
R1.5
A
B、C
C
12°
140
70
ϕ30
椭圆35×15

技术要求

未注圆角为R1.5。

11—主旋翼	材料	2A12

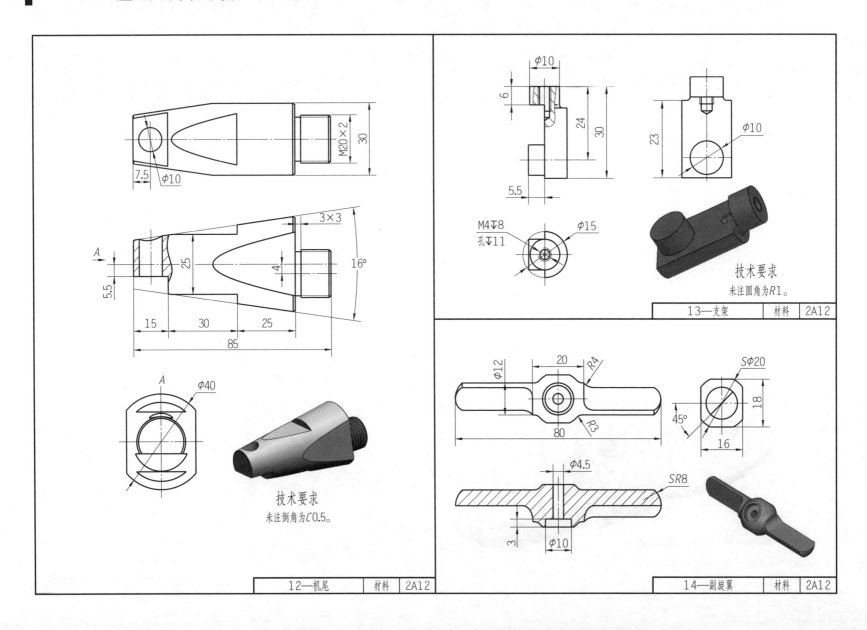

技术要求

未注倒角为C0.5。

| 12—机尾 | 材料 | 2A12 |

技术要求

未注圆角为R1。

| 13—支架 | 材料 | 2A12 |

| 14—副旋翼 | 材料 | 2A12 |

任务三　坦　克

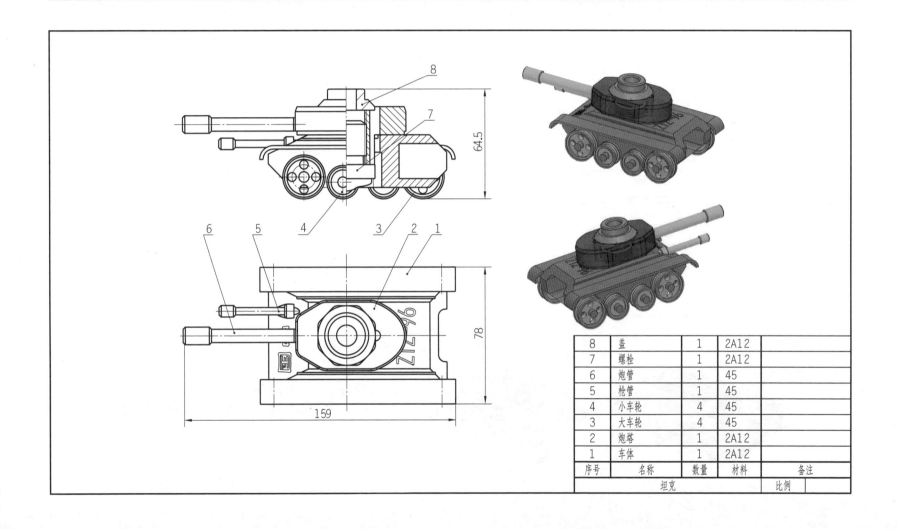

8	盖	1	2A12	
7	螺栓	1	2A12	
6	炮管	1	45	
5	枪管	1	45	
4	小车轮	4	45	
3	大车轮	4	45	
2	炮塔	1	2A12	
1	车体	1	2A12	
序号	名称	数量	材料	备注
坦克			比例	

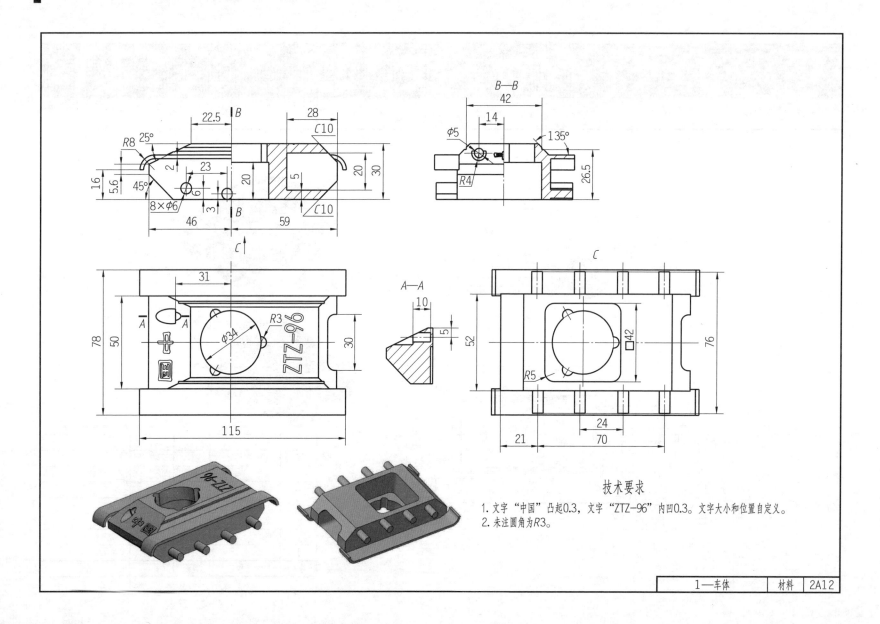

技术要求
1. 文字"中国"凸起0.3，文字"ZTZ-96"内凹0.3。文字大小和位置自定义。
2. 未注圆角为R3。

| 1—车体 | 材料 | 2A12 |

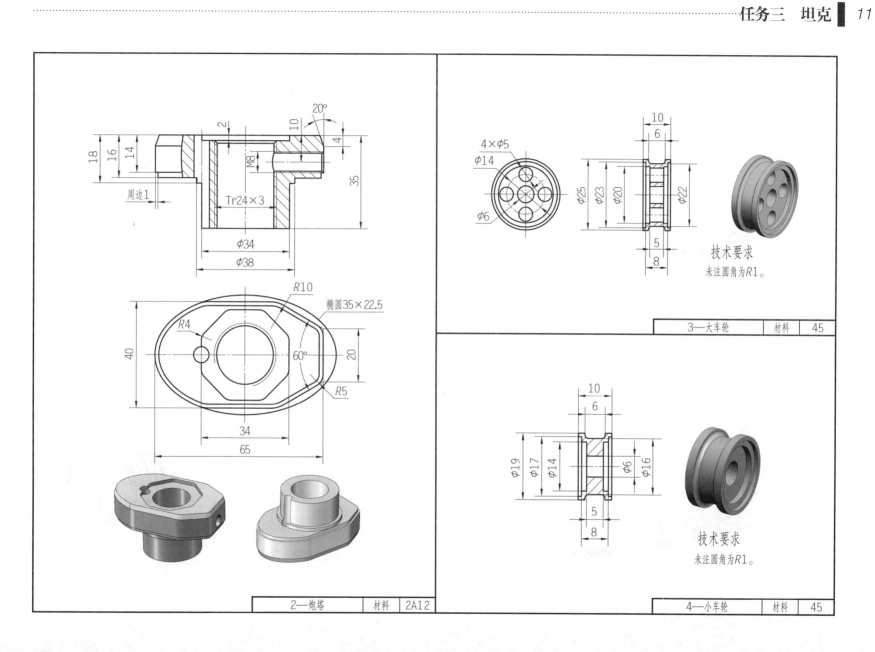

周边1

2

10

20°

4

M8

18

16

14

35

Tr24×3

φ34

φ38

R10

椭圆35×22.5

R4

40

60°

20

34

65

R5

2—炮塔　材料　2A12

4×φ5

φ14

φ25

φ23

φ20

φ6

10

6

φ22

5

8

技术要求

未注圆角为R1。

3—大车轮　材料　45

10

6

φ19

φ17

φ14

φ6

φ16

5

8

技术要求

未注圆角为R1。

4—小车轮　材料　45

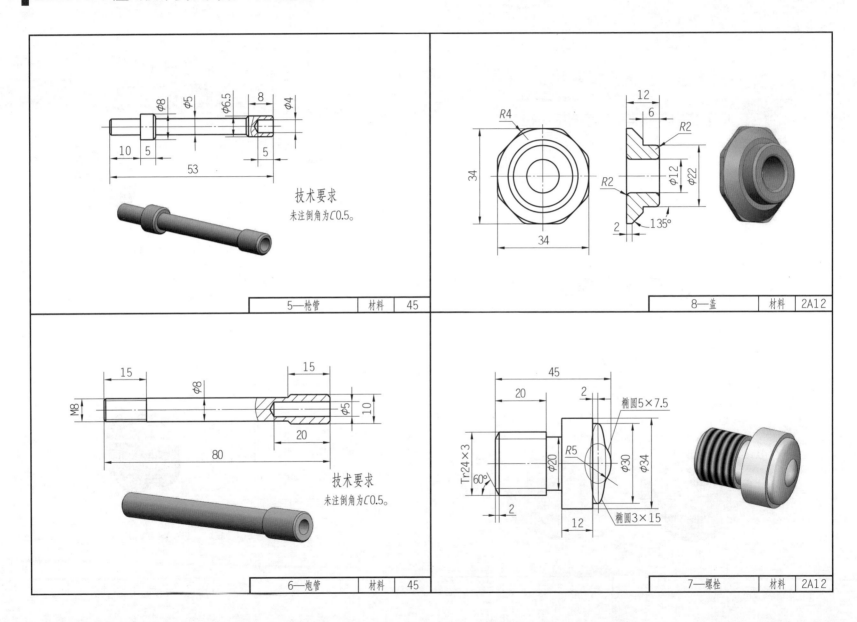

技术要求
未注倒角为C0.5。

| 5—枪管 | 材料 | 45 |

| 8—盖 | 材料 | 2A12 |

技术要求
未注倒角为C0.5。

| 6—炮管 | 材料 | 45 |

| 7—螺栓 | 材料 | 2A12 |

任务四　大　　炮

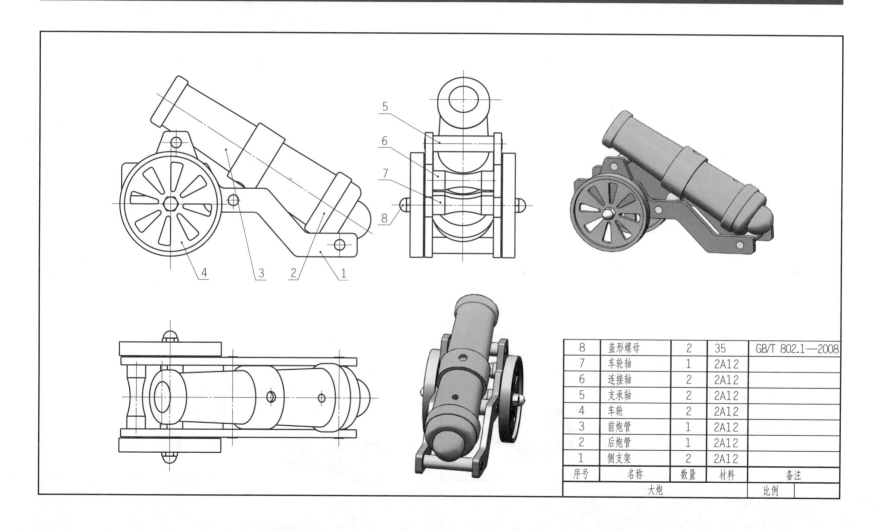

8	盖形螺母	2	35	GB/T 802.1—2008
7	车轮轴	1	2A12	
6	连接轴	2	2A12	
5	支承轴	2	2A12	
4	车轮	2	2A12	
3	前炮管	1	2A12	
2	后炮管	1	2A12	
1	侧支架	2	2A12	
序号	名称	数量	材料	备注
	大炮		比例	

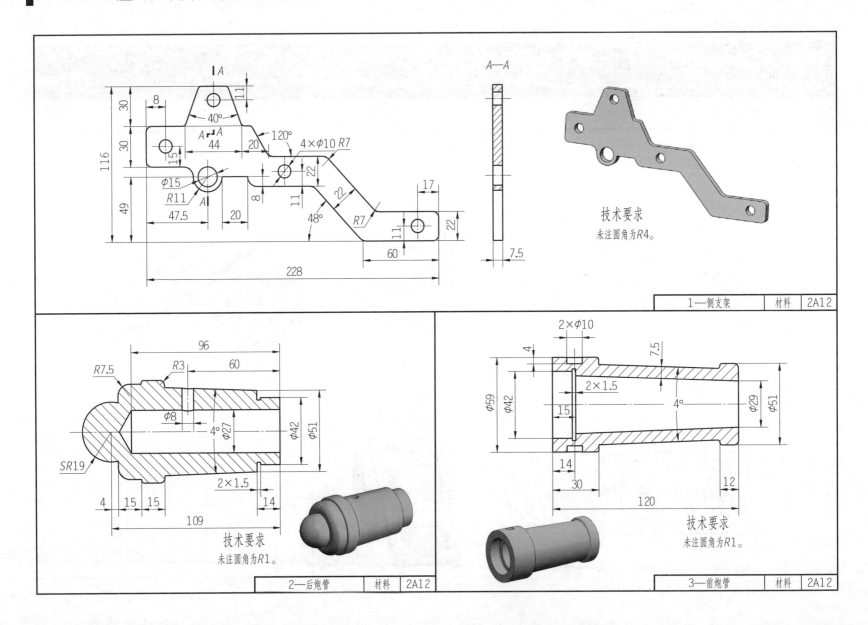

A—A

技术要求

未注圆角为R4。

| 1—侧支架 | 材料 | 2A12 |

技术要求

未注圆角为R1。

| 2—后炮管 | 材料 | 2A12 |

技术要求

未注圆角为R1。

| 3—前炮管 | 材料 | 2A12 |

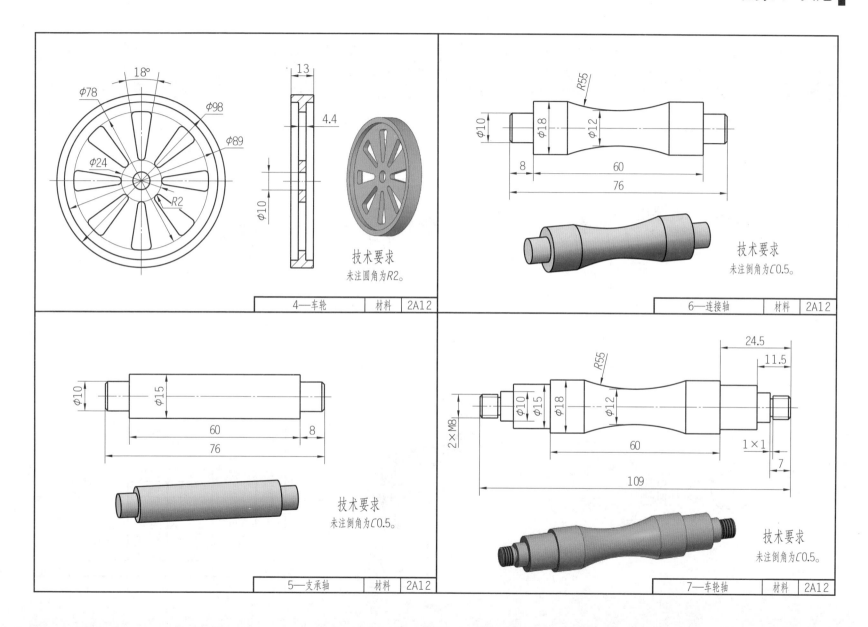

技术要求
未注圆角为R2。

4—车轮　材料　2A12

技术要求
未注倒角为C0.5。

6—连接轴　材料　2A12

技术要求
未注倒角为C0.5。

5—支承轴　材料　2A12

技术要求
未注倒角为C0.5。

7—车轮轴　材料　2A12

任务五　机　械　臂

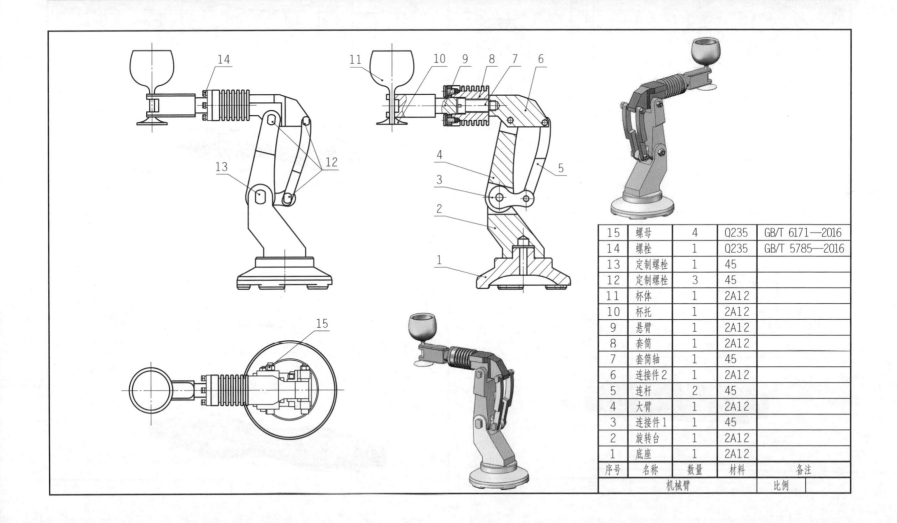

15	螺母	4	Q235	GB/T 6171—2016
14	螺栓	1	Q235	GB/T 5785—2016
13	定制螺栓	1	45	
12	定制螺栓	3	45	
11	杯体	1	2A12	
10	杯托	1	2A12	
9	悬臂	1	2A12	
8	套筒	1	2A12	
7	套筒轴	1	45	
6	连接件2	1	2A12	
5	连杆	2	45	
4	大臂	1	2A12	
3	连接件1	1	45	
2	旋转台	1	2A12	
1	底座	1	2A12	
序号	名称	数量	材料	备注
机械臂			比例	

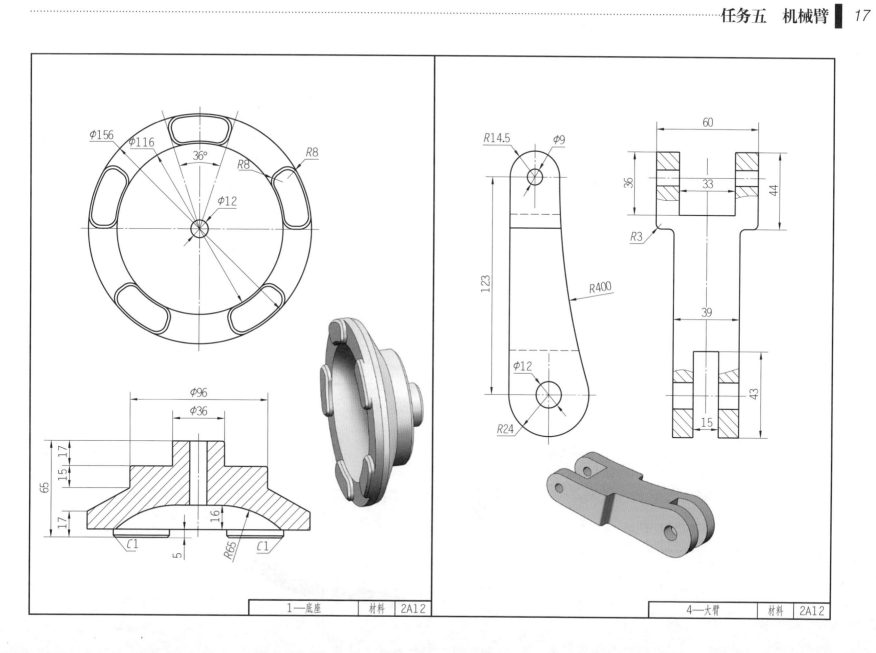

| 1—底座 | 材料 | 2A12 |

| 4—大臂 | 材料 | 2A12 |

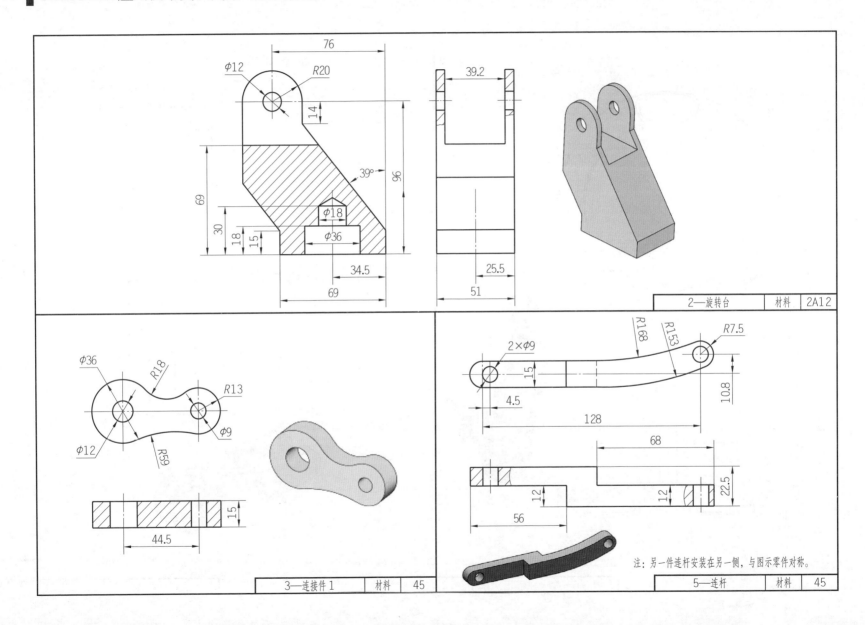

| 2—旋转台 | 材料 | 2A12 |

| 3—连接件1 | 材料 | 45 |

注：另一件连杆安装在另一侧，与图示零件对称。

| 5—连杆 | 材料 | 45 |

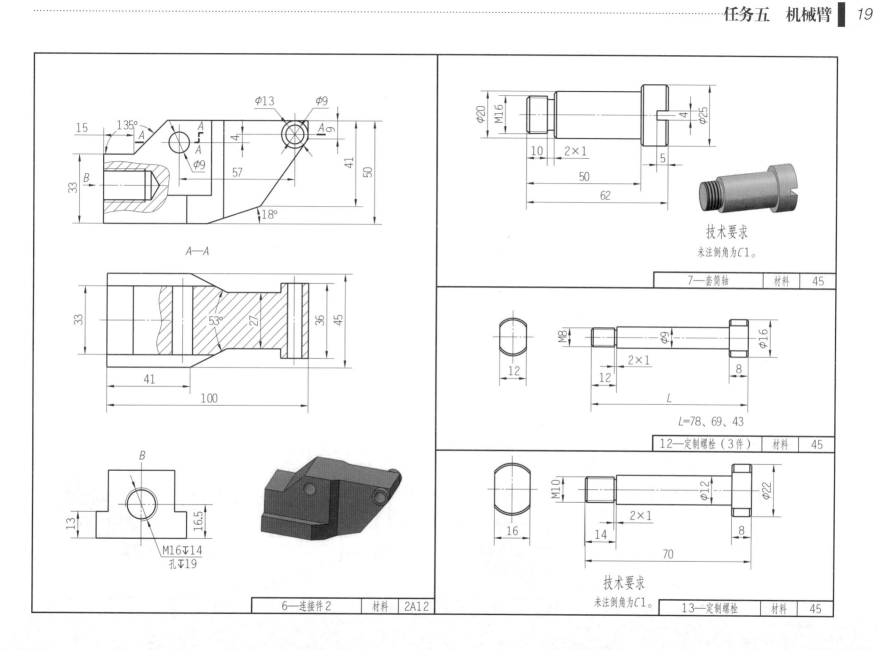

A—A

技术要求

未注倒角为C1。

7—套筒轴	材料	45

L=78、69、43

12—定制螺栓（3件）	材料	45

技术要求

未注倒角为C1。

6—连接件2	材料	2A12

13—定制螺栓	材料	45

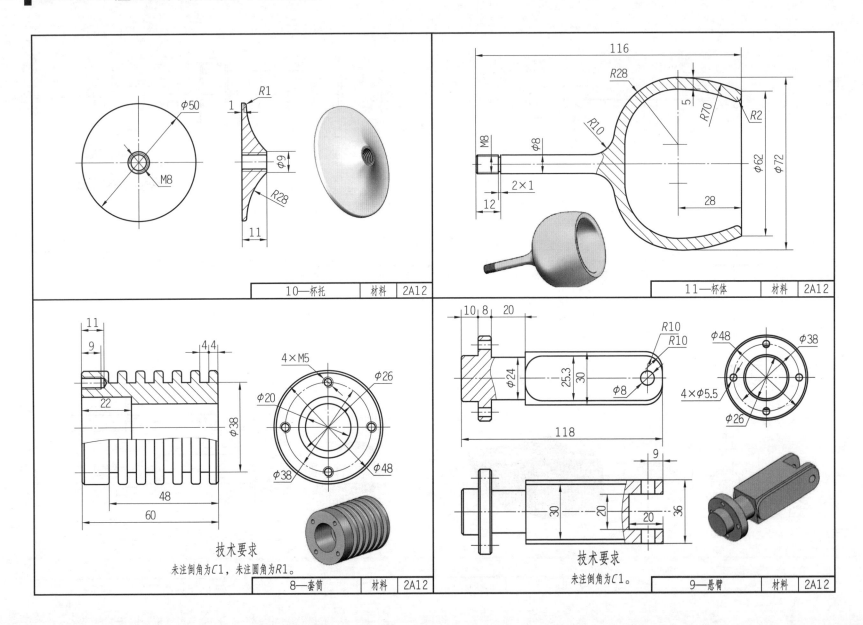

| 10—杯托 | 材料 | 2A12 |

| 11—杯体 | 材料 | 2A12 |

技术要求

未注倒角为C1，未注圆角为R1。

| 8—套筒 | 材料 | 2A12 |

技术要求

未注倒角为C1。

| 9—悬臂 | 材料 | 2A12 |

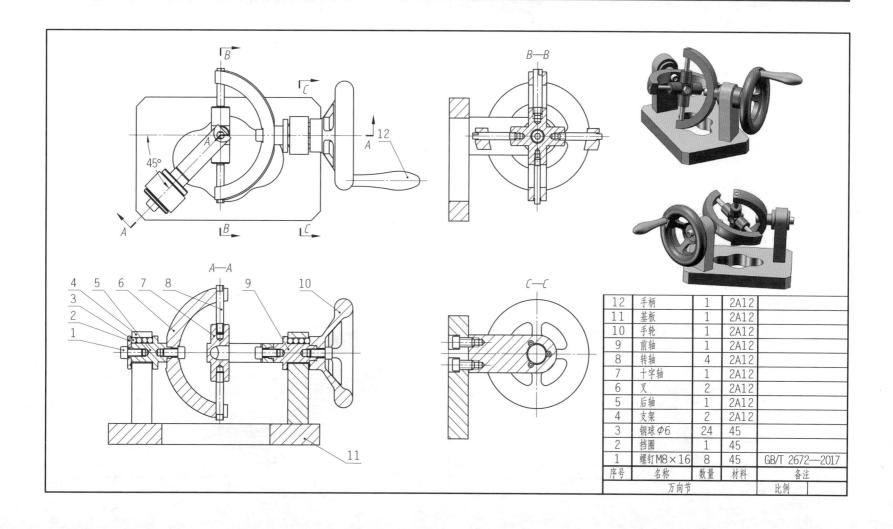

任务六　万　向　节

12	手柄	1	2A12	
11	基板	1	2A12	
10	手轮	1	2A12	
9	前轴	1	2A12	
8	转轴	4	2A12	
7	十字轴	1	2A12	
6	叉	2	2A12	
5	后轴	1	2A12	
4	支架	2	2A12	
3	钢球 $\phi 6$	24	45	
2	挡圈	1	45	
1	螺钉 M8×16	8	45	GB/T 2672—2017
序号	名称	数量	材料	备注
万向节			比例	

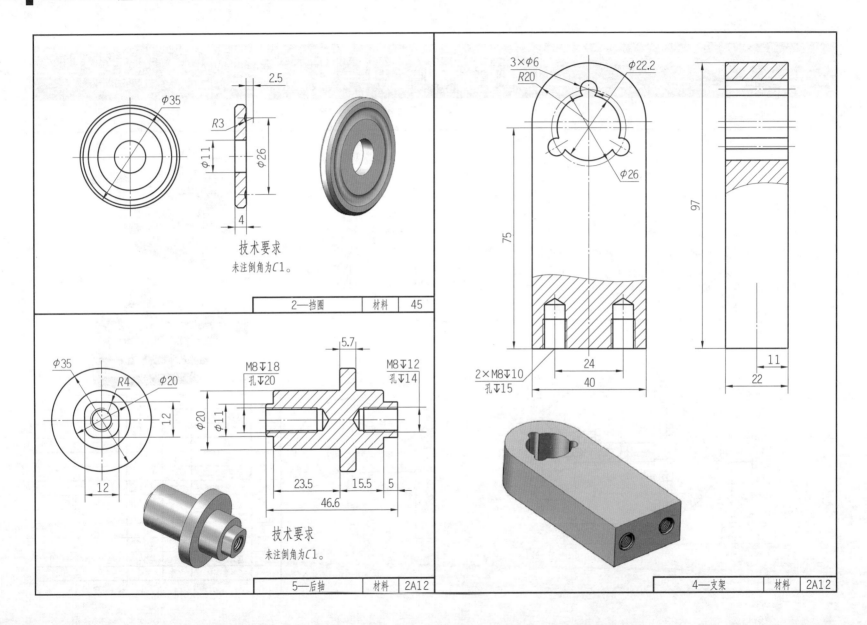

技术要求

未注倒角为C1。

| 2—挡圈 | 材料 | 45 |

技术要求

未注倒角为C1。

| 5—后轴 | 材料 | 2A12 |

| 4—支架 | 材料 | 2A12 |

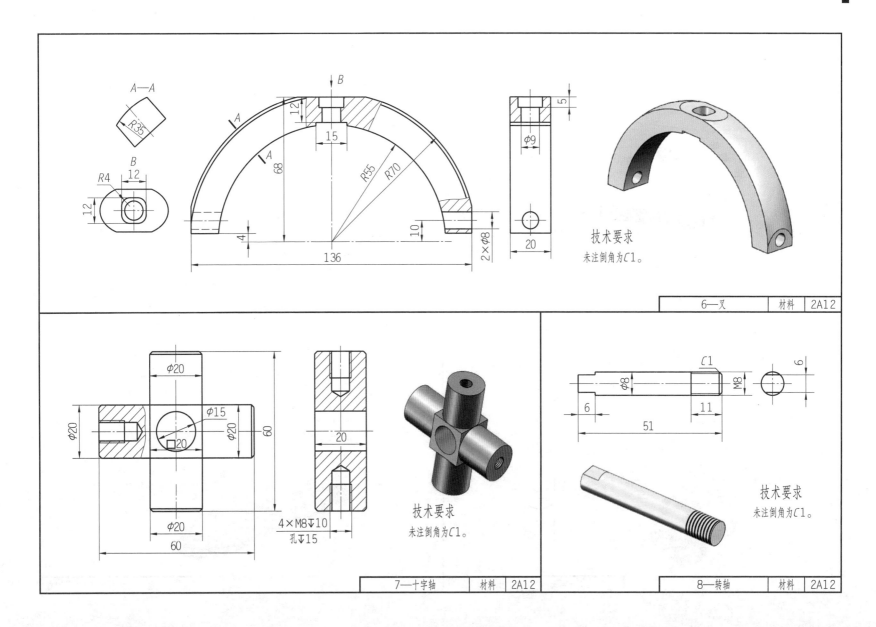

A—A

R35

R4

B

12

12

B

R55　R70

12

15

68

A

A

4

136

10

2×φ8

φ9

5

20

技术要求

未注倒角为C1。

6—叉　　材料　2A12

φ20

φ20

φ20

φ15

φ20

20

60

20

60

φ20

4×M8↓10

孔↓15

技术要求

未注倒角为C1。

7—十字轴　　材料　2A12

C1

φ8

M8

6

6

11

51

技术要求

未注倒角为C1。

8—转轴　　材料　2A12

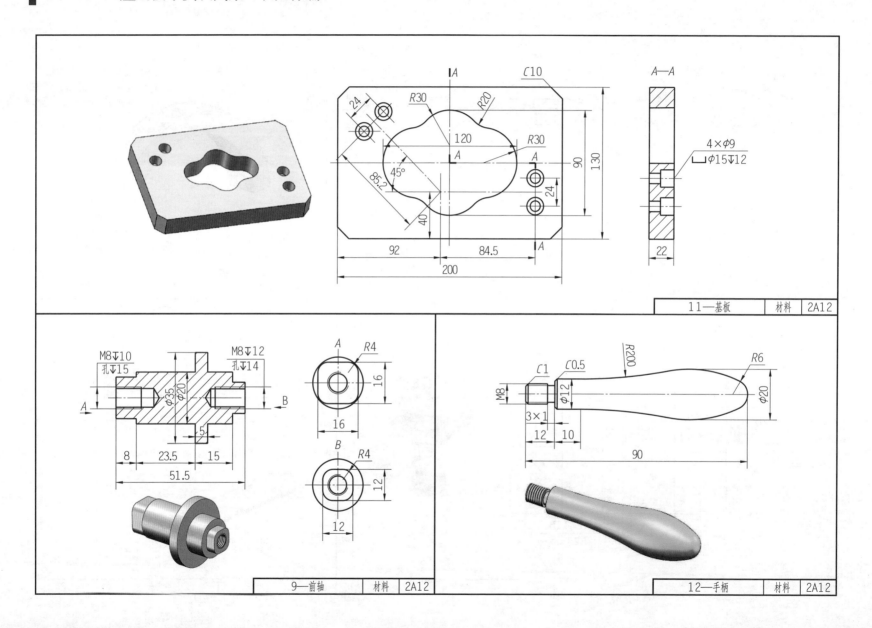

11—基板	材料	2A12

9—前轴	材料	2A12

12—手柄	材料	2A12

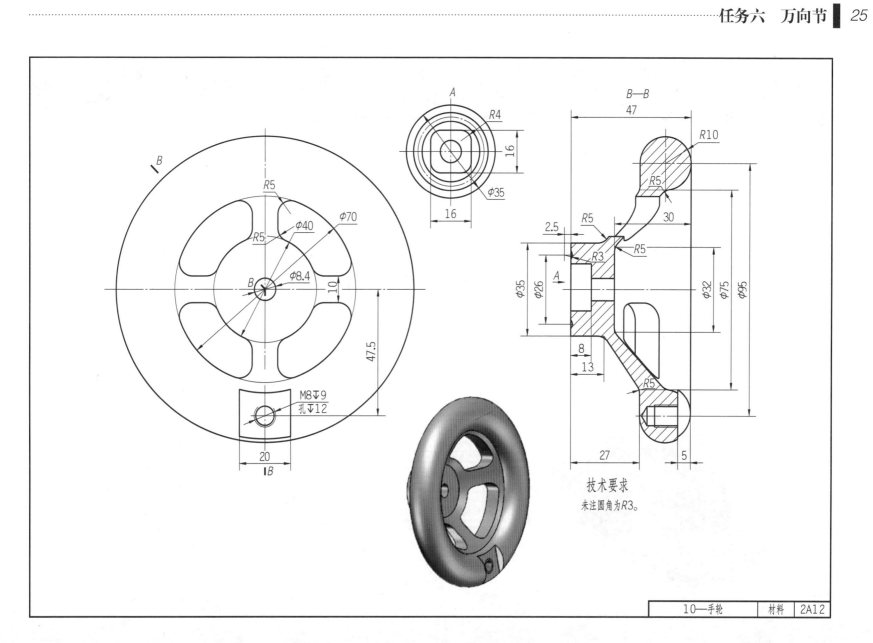

技术要求
未注圆角为R3。

| | 10—手轮 | 材料 | 2A12 |

任务七 压 印 机

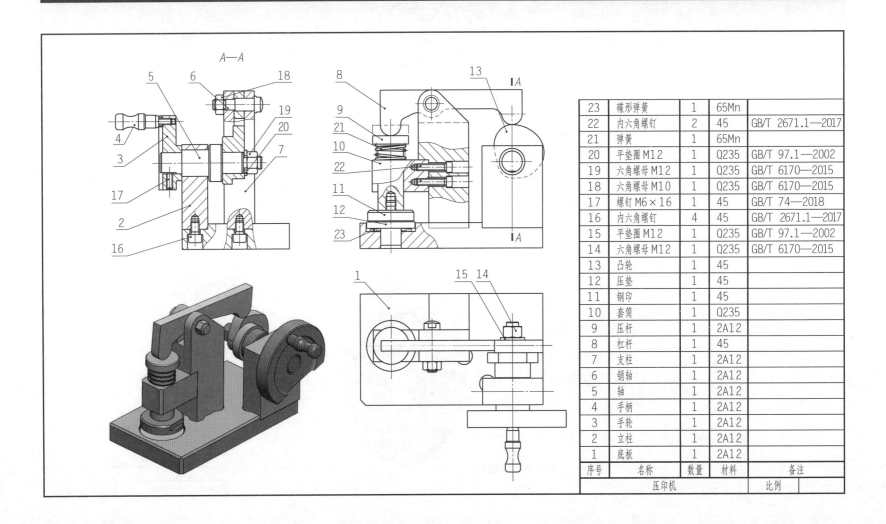

23	碟形弹簧	1	65Mn	
22	内六角螺钉	2	45	GB/T 2671.1—2017
21	弹簧	1	65Mn	
20	平垫圈 M12	1	Q235	GB/T 97.1—2002
19	六角螺母 M12	1	Q235	GB/T 6170—2015
18	六角螺母 M10	1	Q235	GB/T 6170—2015
17	螺钉 M6×16	1	45	GB/T 74—2018
16	内六角螺钉	4	45	GB/T 2671.1—2017
15	平垫圈 M12	1	Q235	GB/T 97.1—2002
14	六角螺母 M12	1	Q235	GB/T 6170—2015
13	凸轮	1	45	
12	压垫	1	45	
11	钢印	1	45	
10	套筒	1	Q235	
9	压杆	1	2A12	
8	杠杆	1	45	
7	支柱	1	2A12	
6	销轴	1	2A12	
5	轴	1	2A12	
4	手柄	1	2A12	
3	手轮	1	2A12	
2	立柱	1	2A12	
1	底板	1	2A12	
序号	名称	数量	材料	备注
压印机			比例	

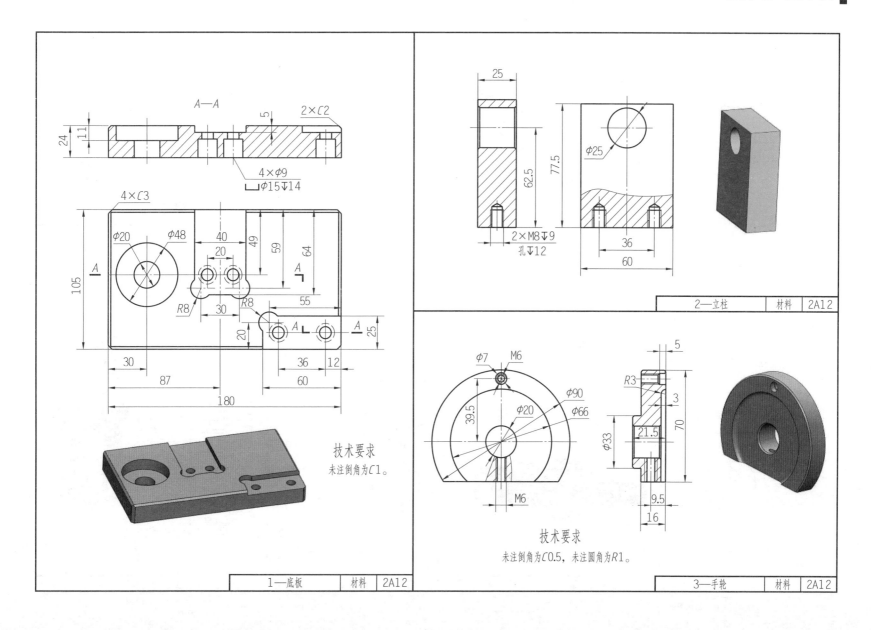

A—A

2×C2

4×Φ9
⌴Φ15↓14

4×C3

Φ20 Φ48

40
20

49
59
64

105

55

30
87
180

36 12
60

25

技术要求
未注倒角为C1。

Φ25

2×M8↓9
孔↓12

36
60

2—立柱 材料 2A12

1—底板 材料 2A12

Φ7 M6

Φ90

39.5

Φ20 Φ66

M6

R3

5

3

Φ33

21.5

70

9.5
16

技术要求
未注倒角为C0.5，未注圆角为R1。

3—手轮 材料 2A12

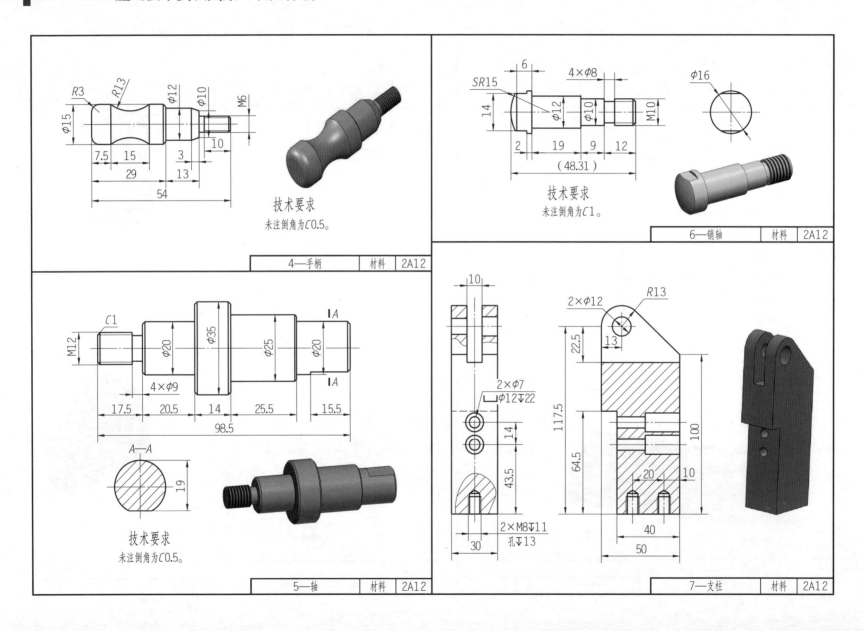

技术要求
未注倒角为C0.5。

| 4—手柄 | 材料 | 2A12 |

技术要求
未注倒角为C1。

| 6—销轴 | 材料 | 2A12 |

技术要求
未注倒角为C0.5。

| 5—轴 | 材料 | 2A12 |

| 7—支柱 | 材料 | 2A12 |

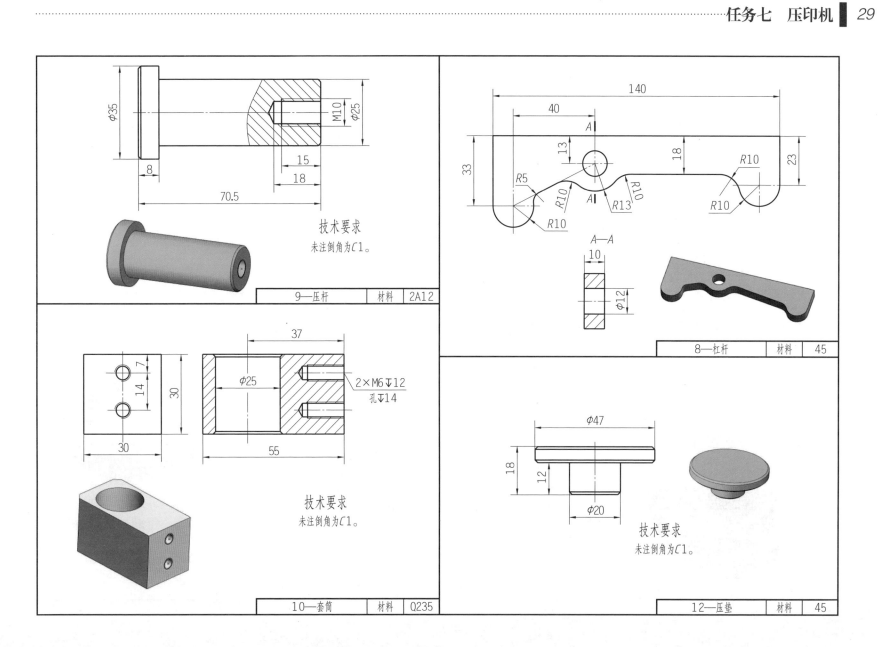

技术要求
未注倒角为C1。

9—压杆 材料 2A12

8—杠杆 材料 45

2×M6↧12
孔↧14

技术要求
未注倒角为C1。

10—套筒 材料 Q235

技术要求
未注倒角为C1。

12—压垫 材料 45

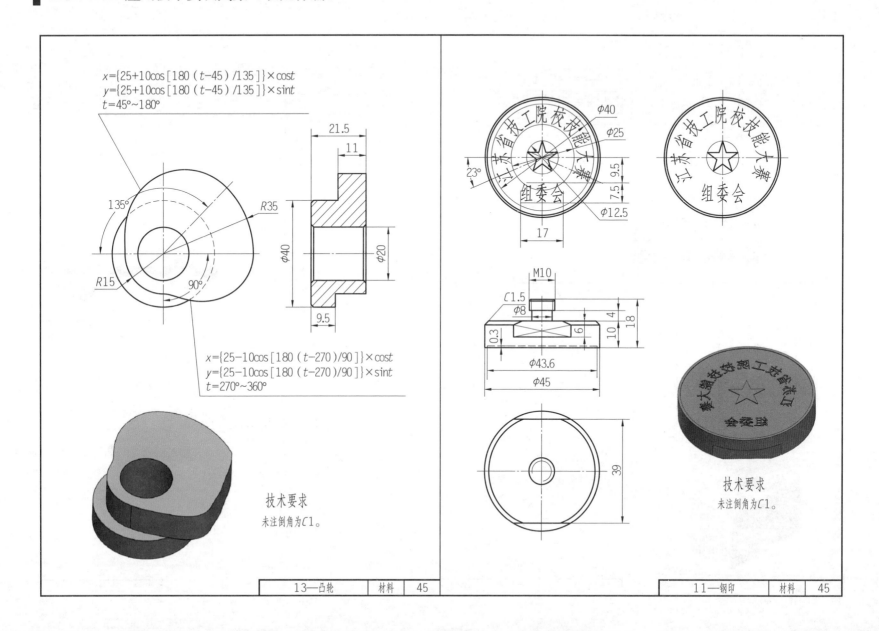

$x=\{25+10\cos[180(t-45)/135]\}\times\cos t$
$y=\{25+10\cos[180(t-45)/135]\}\times\sin t$
$t=45°\sim180°$

$x=\{25-10\cos[180(t-270)/90]\}\times\cos t$
$y=\{25-10\cos[180(t-270)/90]\}\times\sin t$
$t=270°\sim360°$

技术要求

未注倒角为C1。

技术要求

未注倒角为C1。

13—凸轮	材料	45

11—钢印	材料	45

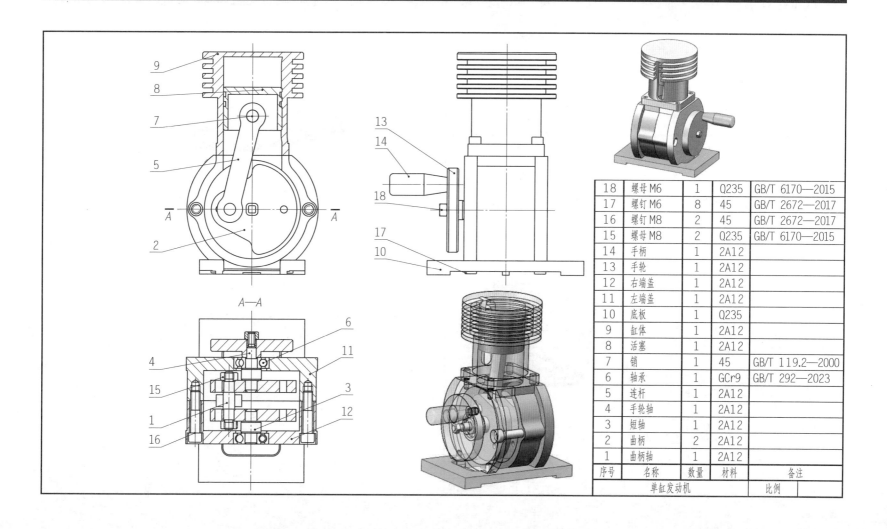

任务八　单缸发动机

A—A

序号	名称	数量	材料	备注
18	螺母 M6	1	Q235	GB/T 6170—2015
17	螺钉 M6	8	45	GB/T 2672—2017
16	螺钉 M8	2	45	GB/T 2672—2017
15	螺母 M8	2	Q235	GB/T 6170—2015
14	手柄	1	2A12	
13	手轮	1	2A12	
12	右端盖	1	2A12	
11	左端盖	1	2A12	
10	底板	1	Q235	
9	缸体	1	2A12	
8	活塞	1	2A12	
7	销	1	45	GB/T 119.2—2000
6	轴承	1	GCr9	GB/T 292—2023
5	连杆	1	2A12	
4	手轮轴	1	2A12	
3	短轴	1	2A12	
2	曲柄	2	2A12	
1	曲柄轴	1	2A12	

单缸发动机	比例	

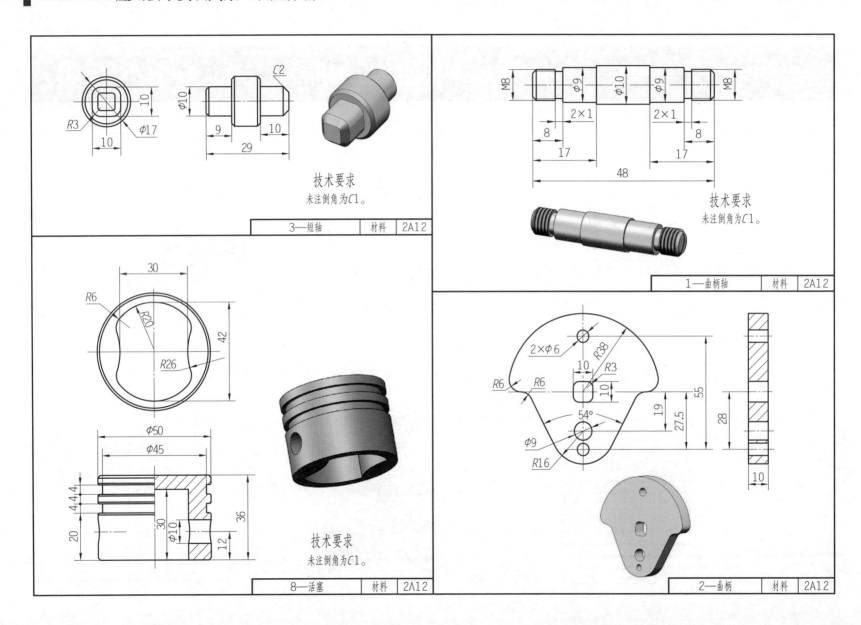

技术要求

未注倒角为C1。

| 3—短轴 | 材料 | 2A12 |

技术要求

未注倒角为C1。

| 1—曲柄轴 | 材料 | 2A12 |

技术要求

未注倒角为C1。

| 8—活塞 | 材料 | 2A12 |

| 2—曲柄 | 材料 | 2A12 |

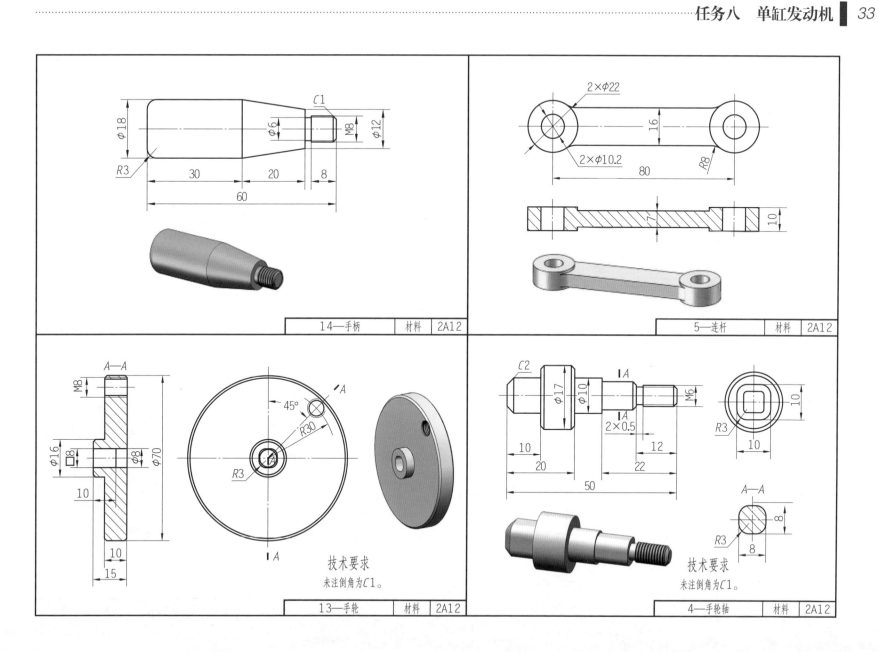

| 14—手柄 | 材料 | 2A12 |

| 5—连杆 | 材料 | 2A12 |

技术要求
未注倒角为C1。

| 13—手轮 | 材料 | 2A12 |

技术要求
未注倒角为C1。

| 4—手轮轴 | 材料 | 2A12 |

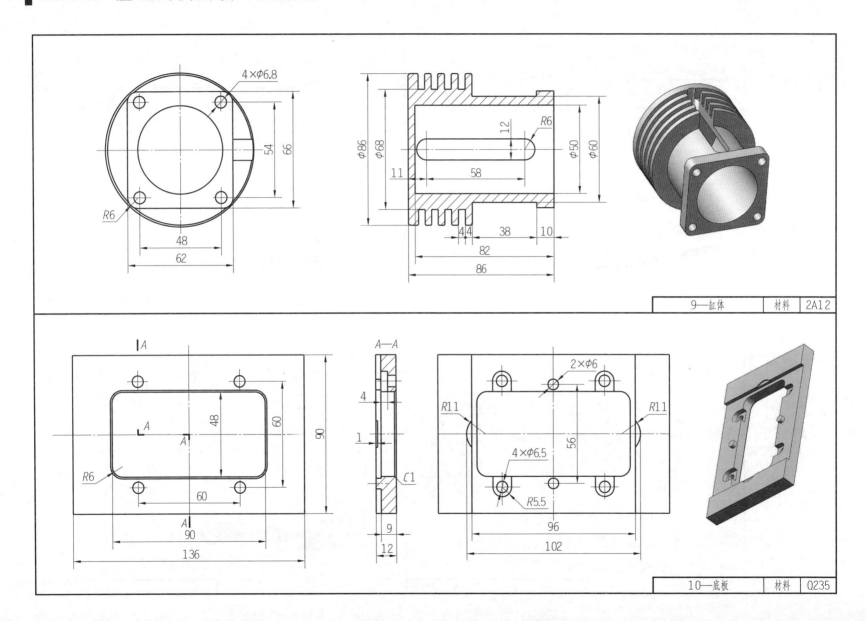

| | | 9—缸体 | 材料 | 2A12 |

| | | 10—底板 | 材料 | Q235 |

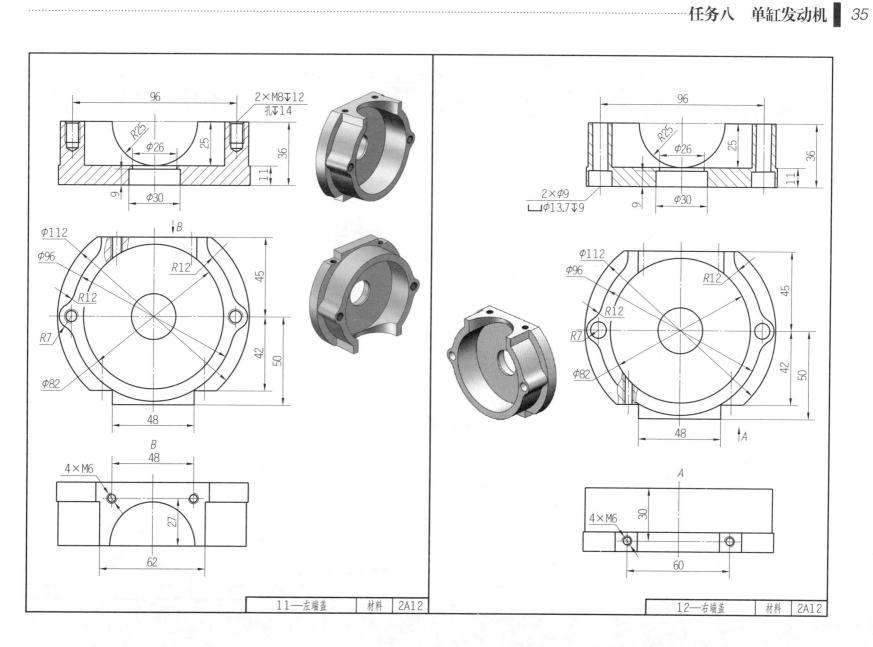

96

2×M8↓12
孔↓14

R25
φ26
25
36
11
9
φ30

φ112
φ96
R12
B
45
R12
R7
42
50
φ82

48

B
48
4×M6
27
62

11—左端盖　材料　2A12

96

R25
φ26
25
36
11
9
2×φ9
⊔φ13.7↓9
φ30

φ112
φ96
R12
R12
R7
45
42
50
φ82

48　A

A
30
4×M6
60

12—右端盖　材料　2A12

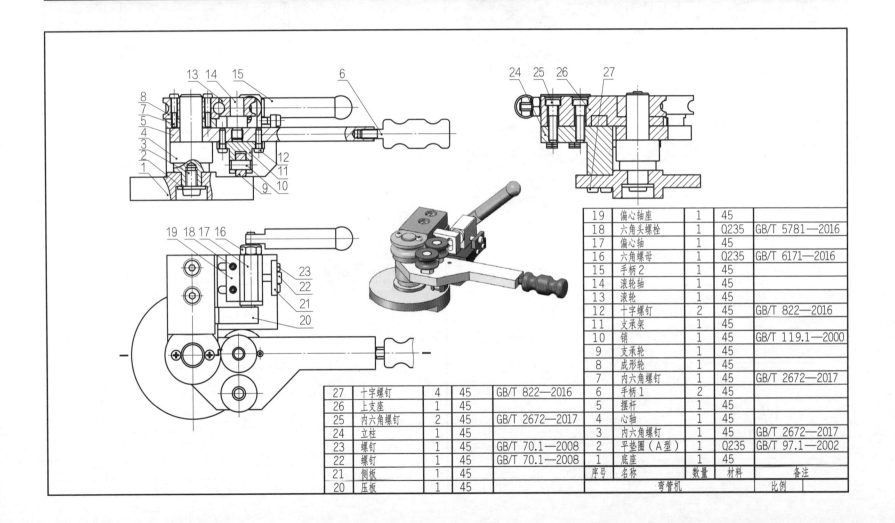

任务九　弯　管　机

序号	名称	数量	材料	备注
27	十字螺钉	4	45	GB/T 822—2016
26	上支座	1	45	
25	内六角螺钉	2	45	GB/T 2672—2017
24	立柱	1	45	
23	螺钉	1	45	GB/T 70.1—2008
22	螺钉	1	45	GB/T 70.1—2008
21	侧板	1	45	
20	压板	1	45	
19	偏心轴座	1	45	
18	六角头螺栓	1	Q235	GB/T 5781—2016
17	偏心轴	1	45	
16	六角螺母	1	Q235	GB/T 6171—2016
15	手柄 2	1	45	
14	滚轮轴	1	45	
13	滚轮	1	45	
12	十字螺钉	2	45	GB/T 822—2016
11	支承架	1	45	
10	销	1	45	GB/T 119.1—2000
9	支承轮	1	45	
8	成形轮	1	45	
7	内六角螺钉	1	45	GB/T 2672—2017
6	手柄 1	2	45	
5	摆杆	1	45	
4	心轴	1	45	
3	内六角螺钉	1	45	GB/T 2672—2017
2	平垫圈（A 型）	1	Q235	GB/T 97.1—2002
1	底座	1	45	

弯管机	比例	

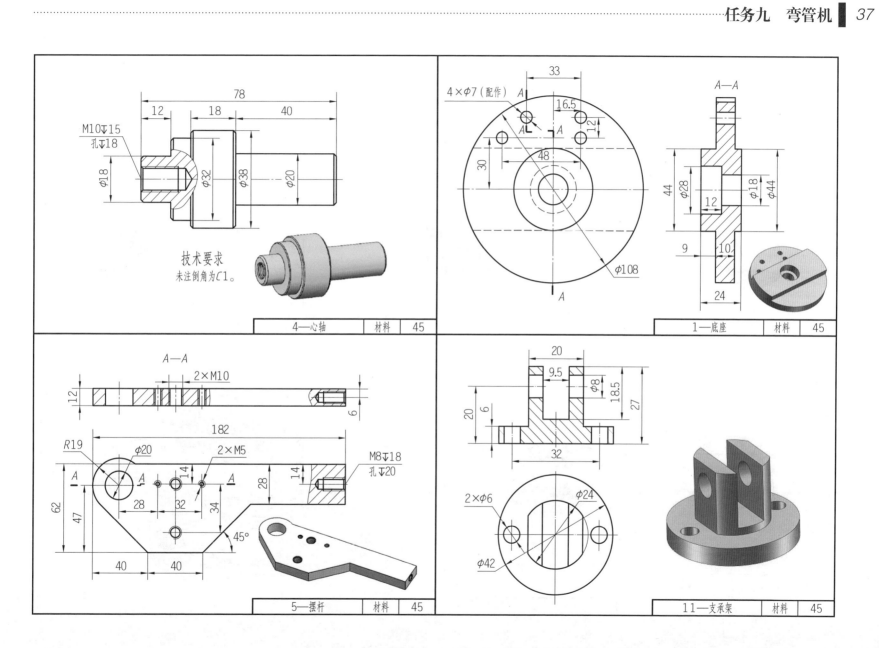

技术要求
未注倒角为C1。

4—心轴　材料　45

1—底座　材料　45

5—摆杆　材料　45

11—支承架　材料　45

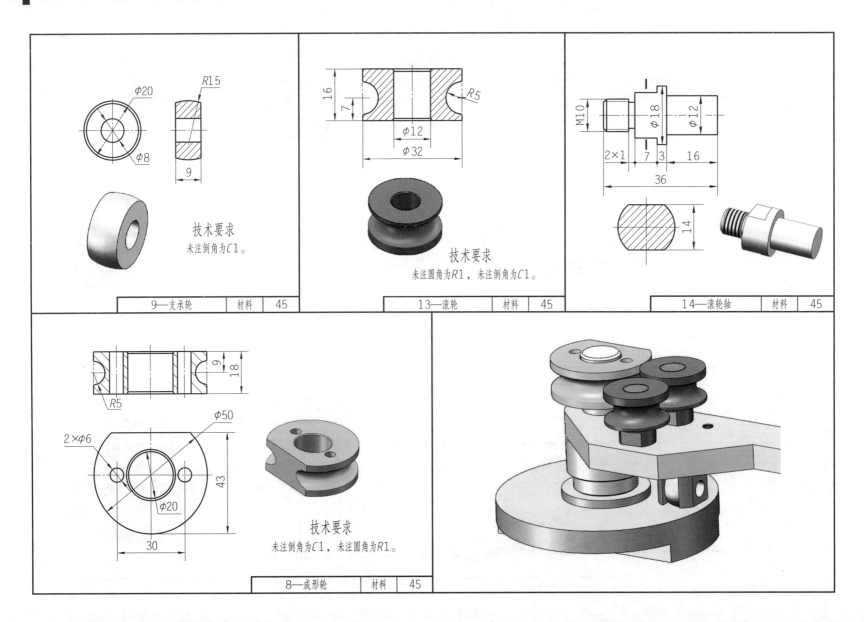

φ20
R15
φ8
9

技术要求
未注倒角为C1。

| 9—支承轮 | 材料 | 45 |

16
7
R5
φ12
φ32

技术要求
未注圆角为R1，未注倒角为C1。

| 13—滚轮 | 材料 | 45 |

M10
φ18
φ12
2×1
7 3
16
36
14

| 14—滚轮轴 | 材料 | 45 |

9
18
R5
2×φ6
φ50
43
φ20
30

技术要求
未注倒角为C1，未注圆角为R1。

| 8—成形轮 | 材料 | 45 |

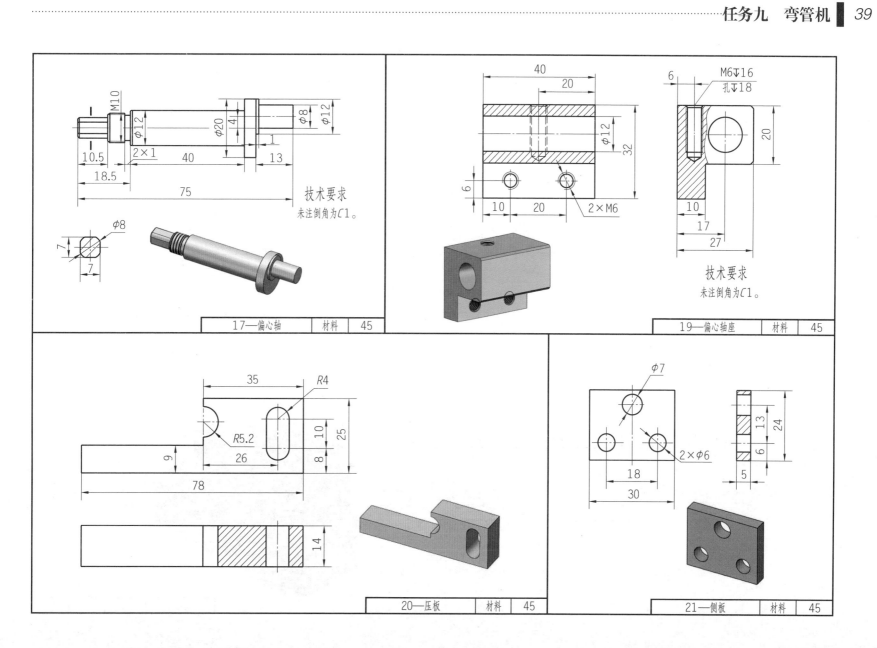

技术要求
未注倒角为C1。

17—偏心轴　　材料　45

技术要求
未注倒角为C1。

M6↓16
孔↓18

2×M6

19—偏心轴座　　材料　45

20—压板　　材料　45

2×ø6

21—侧板　　材料　45

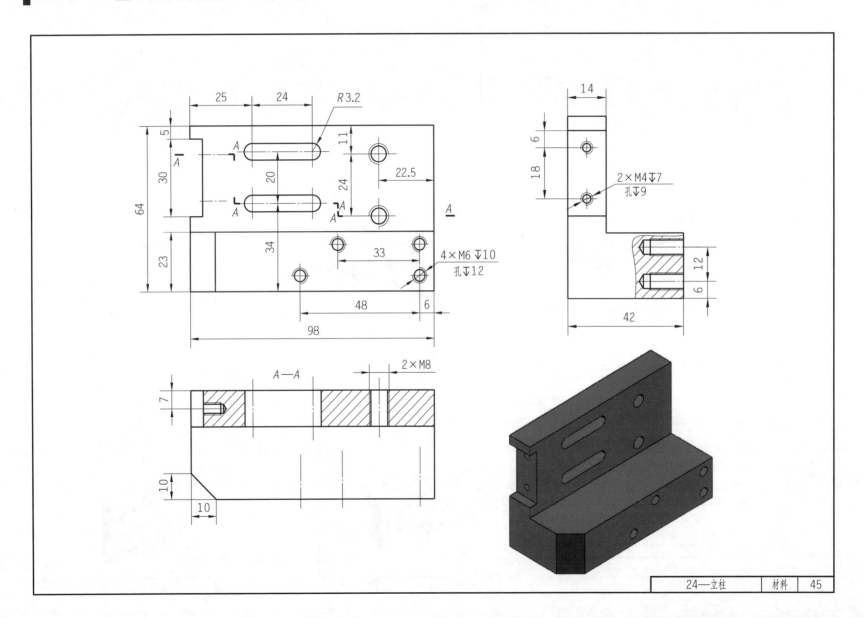

| 24—立柱 | 材料 | 45 |

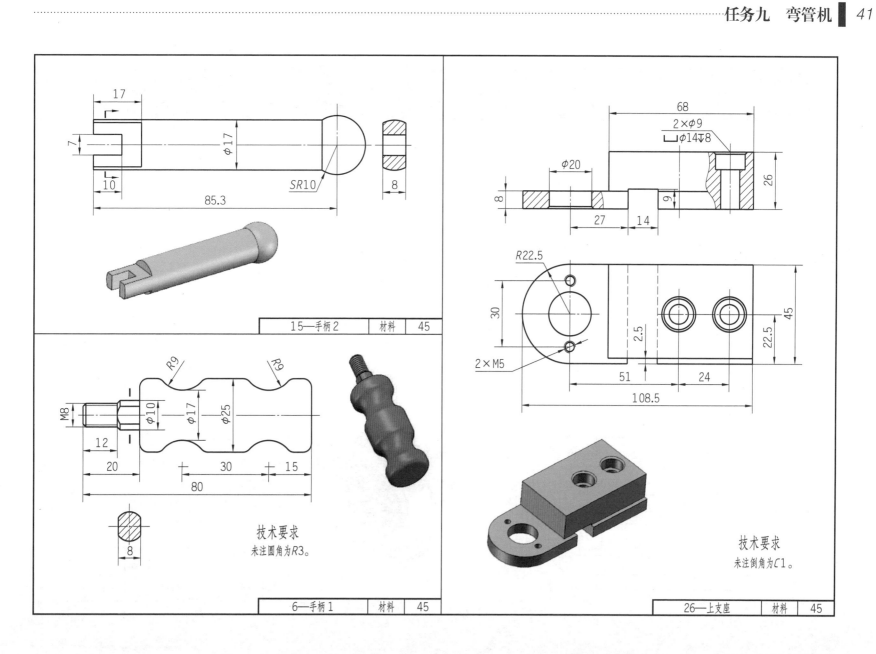

15—手柄2　　材料　　45

技术要求

未注圆角为*R3*。

6—手柄1　　材料　　45

2×*φ*9
⌴*φ*14▾8

技术要求

未注倒角为*C1*。

26—上支座　　材料　　45

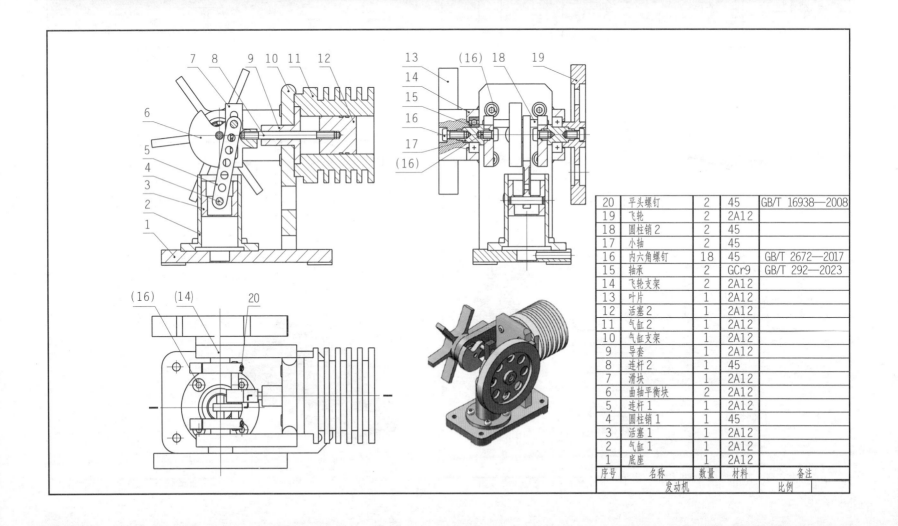

任务十 发动机（一）

序号	名称	数量	材料	备注
20	平头螺钉	2	45	GB/T 16938—2008
19	飞轮	2	2A12	
18	圆柱销 2	2	45	
17	小轴	2	45	
16	内六角螺钉	18	45	GB/T 2672—2017
15	轴承	2	GCr9	GB/T 292—2023
14	飞轮支架	2	2A12	
13	叶片	1	2A12	
12	活塞 2	1	2A12	
11	气缸 2	1	2A12	
10	气缸支架	1	2A12	
9	导套	1	2A12	
8	连杆 2	1	45	
7	滑块	1	2A12	
6	曲轴平衡块	2	2A12	
5	连杆 1	1	2A12	
4	圆柱销 1	1	45	
3	活塞 1	1	2A12	
2	气缸 1	1	2A12	
1	底座	1	2A12	
发动机			比例	

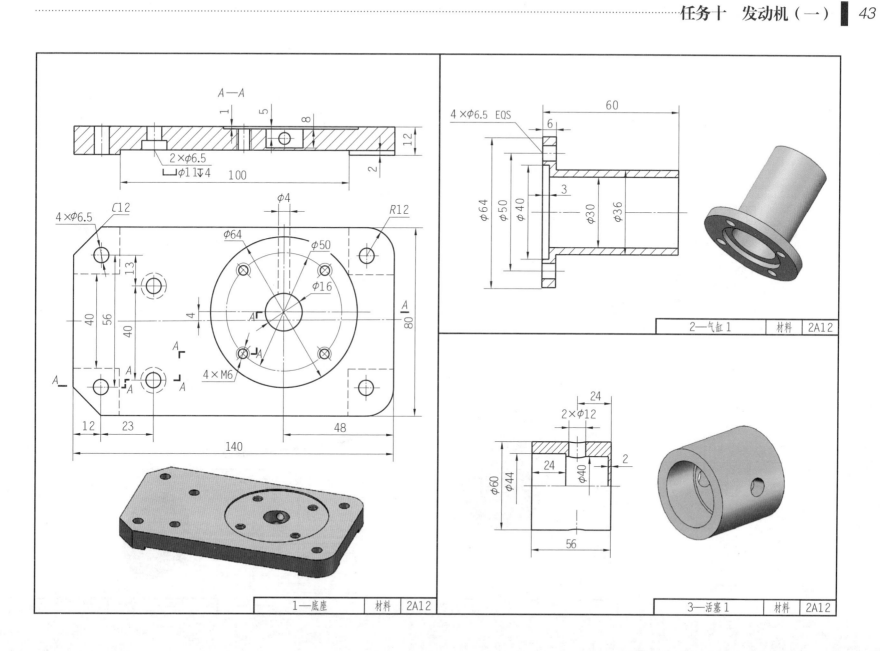

A—A
1
5
8
12
2×φ6.5
⌴φ11↧4
100
2
φ4
C12
4×φ6.5
R12
φ64
φ50
13
φ16
4
A
40
56
40
80
A
4×M6
12
23
48
140

1—底座	材料	2A12

4×φ6.5 EQS
60
6
3
φ64
φ50
φ40
φ30
φ36

2—气缸 1	材料	2A12

24
2×φ12
2
24
φ40
φ60
φ44
56

3—活塞 1	材料	2A12

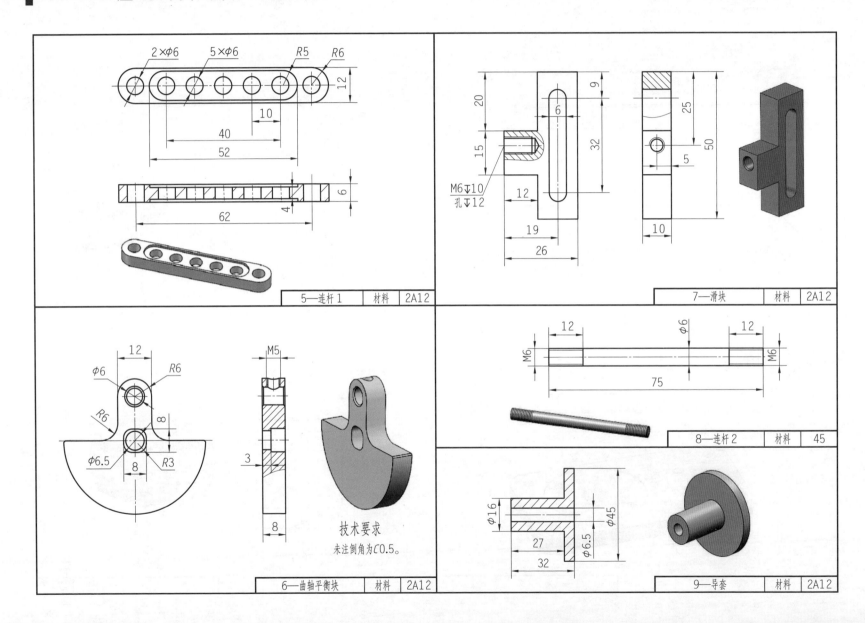

	5—连杆1	材料	2A12
	7—滑块	材料	2A12
	6—曲轴平衡块	材料	2A12
	8—连杆2	材料	45
	9—导套	材料	2A12

技术要求

未注倒角为C0.5。

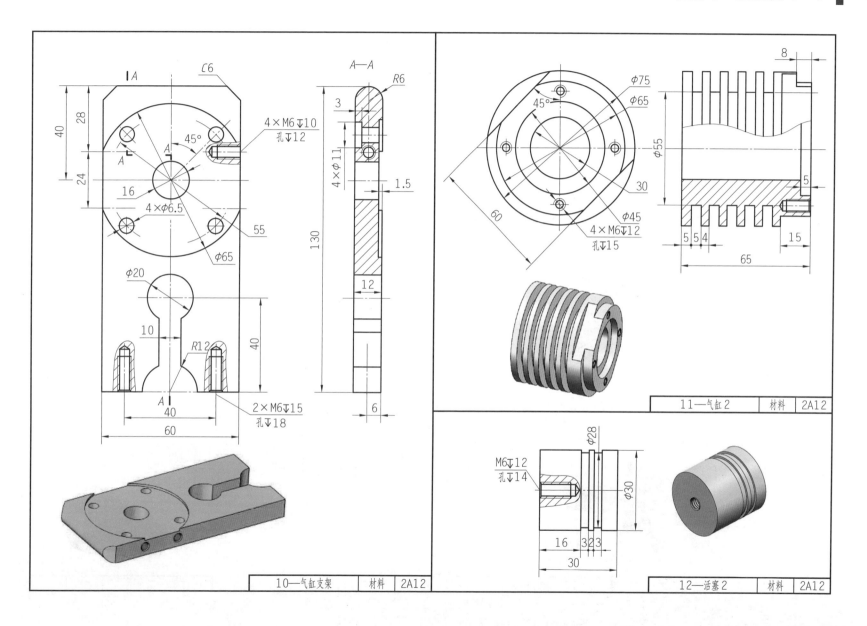

C6

A—A

R6

4×M6↓10
孔↓12

45°

4×φ11

3

1.5

40

28

24

16

4×φ6.5

55

φ65

130

12

φ20

10

R12

40

2×M6↓15
孔↓18

40

60

6

φ75

φ65

45°

8

φ55

30

60

φ45
4×M6↓12
孔↓15

5 5 4

15

65

5

| 11—气缸2 | 材料 | 2A12 |

φ28

M6↓12
孔↓14

φ30

16 3 23

30

| 10—气缸支架 | 材料 | 2A12 |

| 12—活塞2 | 材料 | 2A12 |

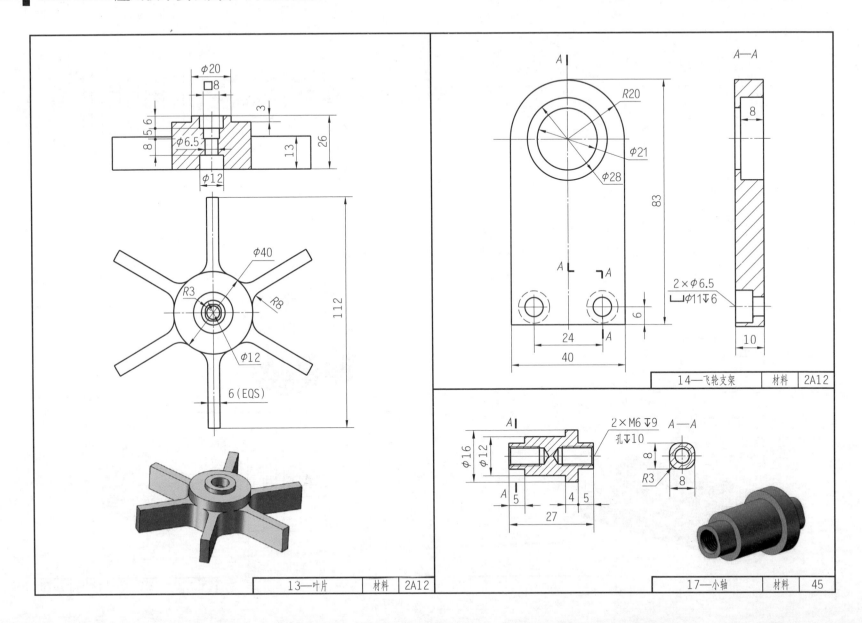

	14—飞轮支架	材料	2A12
	13—叶片	材料	2A12
	17—小轴	材料	45

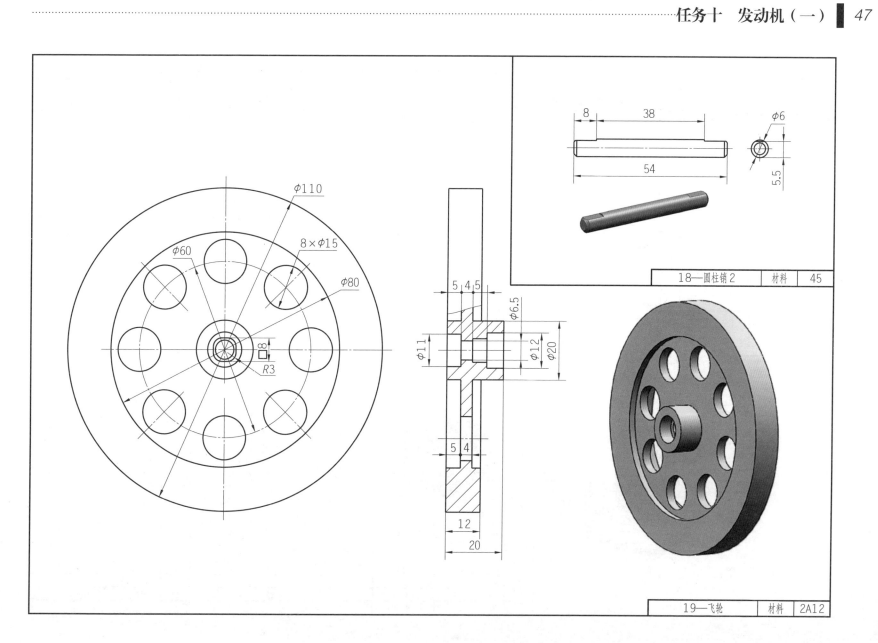

18—圆柱销2　材料　45

19—飞轮　材料　2A12

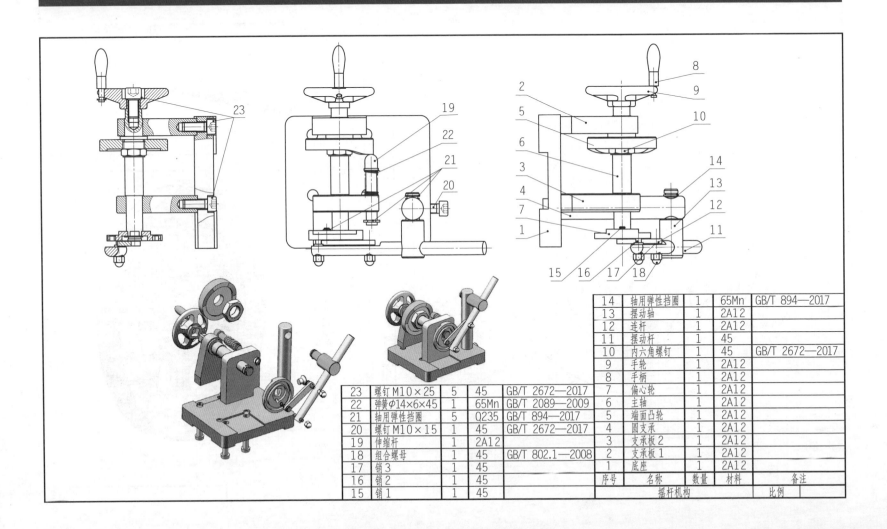

任务十一 摇杆机构

序号	名称	数量	材料	备注
23	螺钉 M10×25	5	45	GB/T 2672—2017
22	弹簧 ϕ14×6×45	1	65Mn	GB/T 2089—2009
21	轴用弹性挡圈	5	Q235	GB/T 894—2017
20	螺钉 M10×15	1	45	GB/T 2672—2017
19	伸缩杆	1	2A12	
18	组合螺母	1	45	GB/T 802.1—2008
17	销 3	1	45	
16	销 2	1	45	
15	销 1	1	45	
14	轴用弹性挡圈	1	65Mn	GB/T 894—2017
13	摆动轴	1	2A12	
12	连杆	1	2A12	
11	摆动杆	1	45	
10	内六角螺钉	1	45	GB/T 2672—2017
9	手轮	1	2A12	
8	手柄	1	2A12	
7	偏心轮	1	2A12	
6	主轴	1	2A12	
5	端面凸轮	1	2A12	
4	圆支承	1	2A12	
3	支承板 2	1	2A12	
2	支承板 1	1	2A12	
1	底座	1	2A12	

摇杆机构	比例	

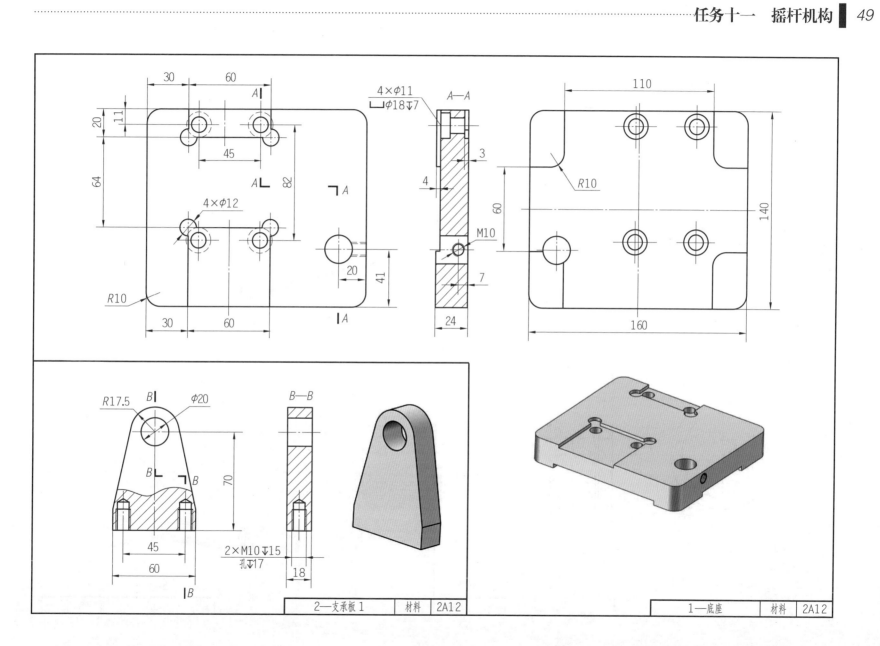

| 2—支承板1 | 材料 | 2A12 |

| 1—底座 | 材料 | 2A12 |

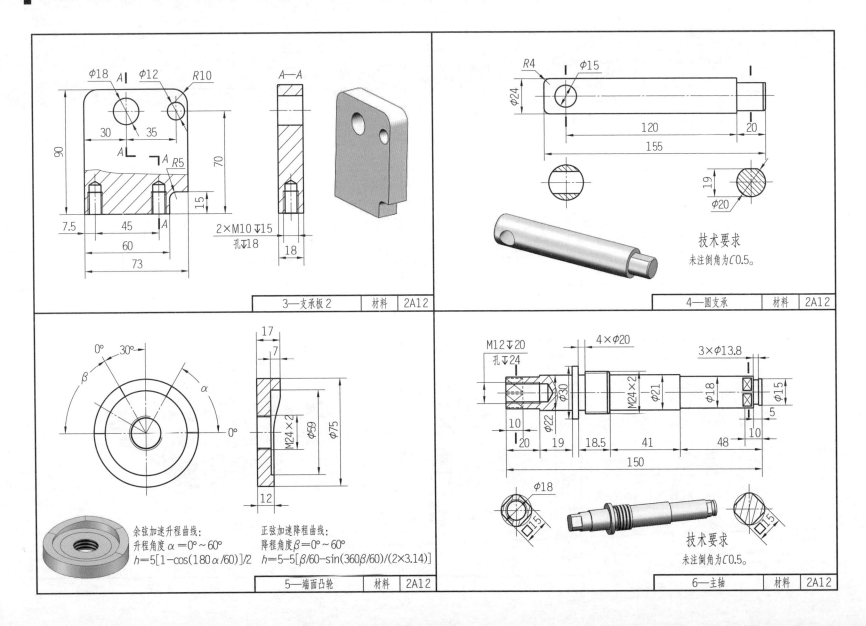

φ18 A φ12 R10
30 35
90
70
A
A R5
15
7.5 45
60
73
2×M10↓15
孔↓18
18
A—A

3—支承板2 材料 2A12

R4 φ15
φ24
120 20
155
19
φ20

技术要求
未注倒角为C0.5。

4—圆支承 材料 2A12

0° 30°
β α
0°
17
7
M24×2
φ59
φ75
12

余弦加速升程曲线：
升程角度 $\alpha = 0° \sim 60°$
$h = 5[1-\cos(180\alpha/60)]/2$

正弦加速降程曲线：
降程角度 $\beta = 0° \sim 60°$
$h = 5-5[\beta/60-\sin(360\beta/60)/(2×3.14)]$

5—端面凸轮 材料 2A12

M12↓20
孔↓24 4×φ20 3×φ13.8
φ30 φ21 φ18 φ15
φ22 M24×2 5
10 10
20 19 18.5 41 48
150
φ18
□15 □15

技术要求
未注倒角为C0.5。

6—主轴 材料 2A12

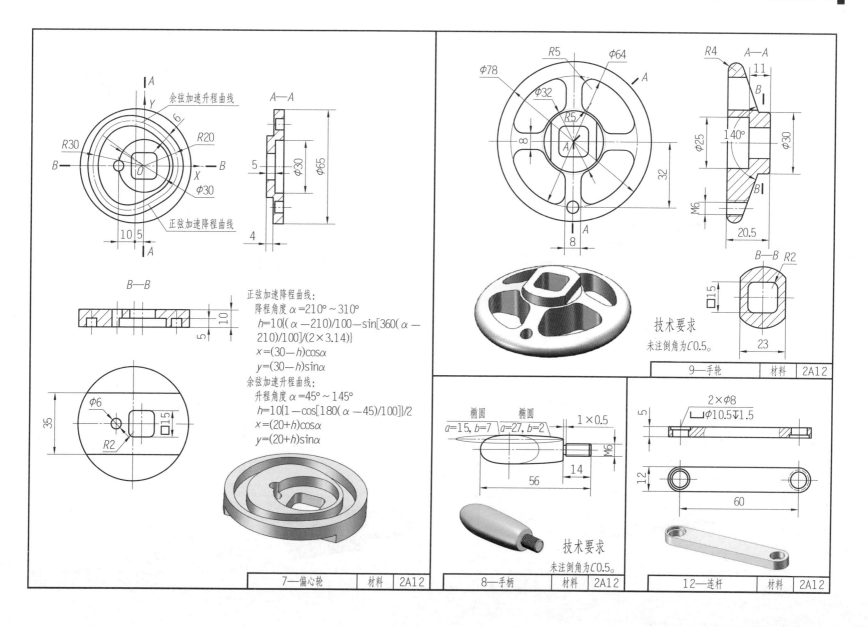

余弦加速升程曲线

A—A

R30 R20

φ30

φ30 φ65

正弦加速降程曲线

10 5

4

B—B

正弦加速降程曲线:
降程角度 α=210°～310°
$h=10\{(\alpha-210)/100-\sin[360(\alpha-210)/100]/(2\times3.14)\}$
$x=(30-h)\cos\alpha$
$y=(30-h)\sin\alpha$

余弦加速升程曲线:
升程角度 α=45°～145°
$h=10\{1-\cos[180(\alpha-45)/100]\}/2$
$x=(20+h)\cos\alpha$
$y=(20+h)\sin\alpha$

φ6

□15

35

R2

7—偏心轮	材料	2A12

R5 φ64
φ78
φ32
R5
8
A
32
A
8

R4 A—A
11
B
φ25 140° φ30
M6
20.5

B—B R2
□15
23

技术要求
未注倒角为C0.5。

9—手轮	材料	2A12

椭圆 椭圆
a=15, b=7 a=27, b=2
1×0.5
M6
14
56

技术要求
未注倒角为C0.5。

8—手柄	材料	2A12

2×φ8
⊔φ10.5↧1.5
5
12
60

12—连杆	材料	2A12

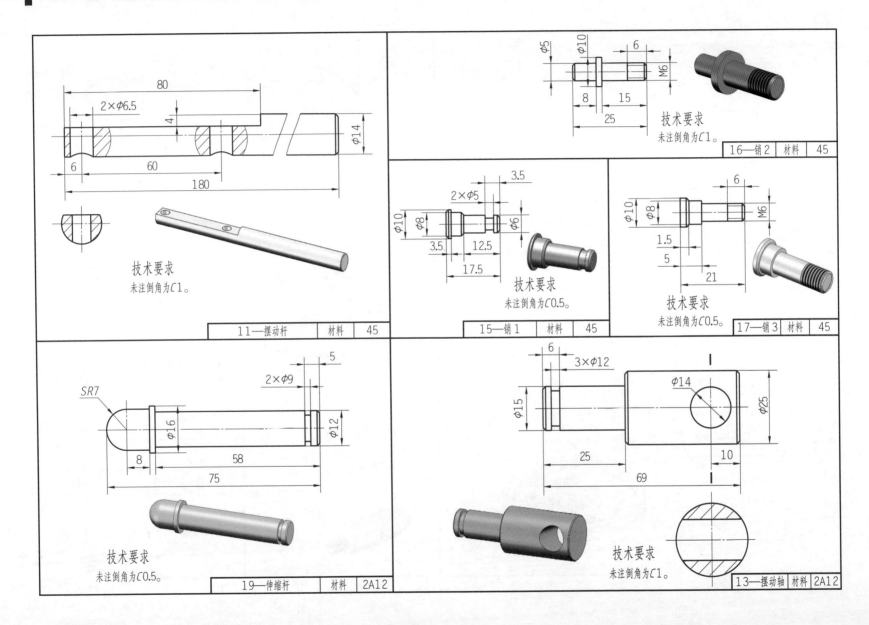

技术要求
未注倒角为C1。

11—摆动杆	材料	45

技术要求
未注倒角为C1。

16—销2	材料	45

技术要求
未注倒角为C0.5。

15—销1	材料	45

技术要求
未注倒角为C0.5。

17—销3	材料	45

技术要求
未注倒角为C0.5。

19—伸缩杆	材料	2A12

技术要求
未注倒角为C1。

13—摆动轴	材料	2A12

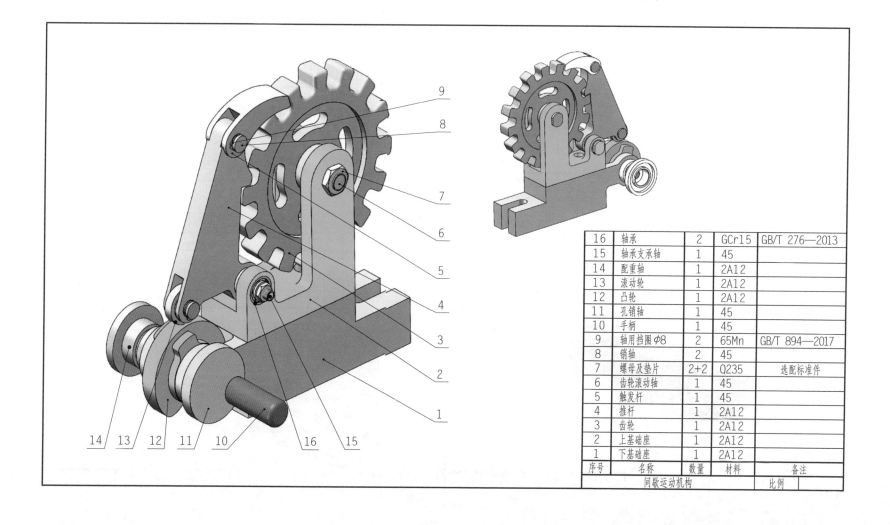

任务十二　间歇运动机构

序号	名称	数量	材料	备注
16	轴承	2	GCr15	GB/T 276—2013
15	轴承支承轴	1	45	
14	配重轴	1	2A12	
13	滚动轮	1	2A12	
12	凸轮	1	2A12	
11	孔销轴	1	45	
10	手柄	1	45	
9	轴用挡圈 Φ8	2	65Mn	GB/T 894—2017
8	销轴	2	45	
7	螺母及垫片	2+2	Q235	选配标准件
6	齿轮滚动轴	1	45	
5	触发杆	1	45	
4	推杆	1	2A12	
3	齿轮	1	2A12	
2	上基础座	1	2A12	
1	下基础座	1	2A12	
间歇运动机构			比例	

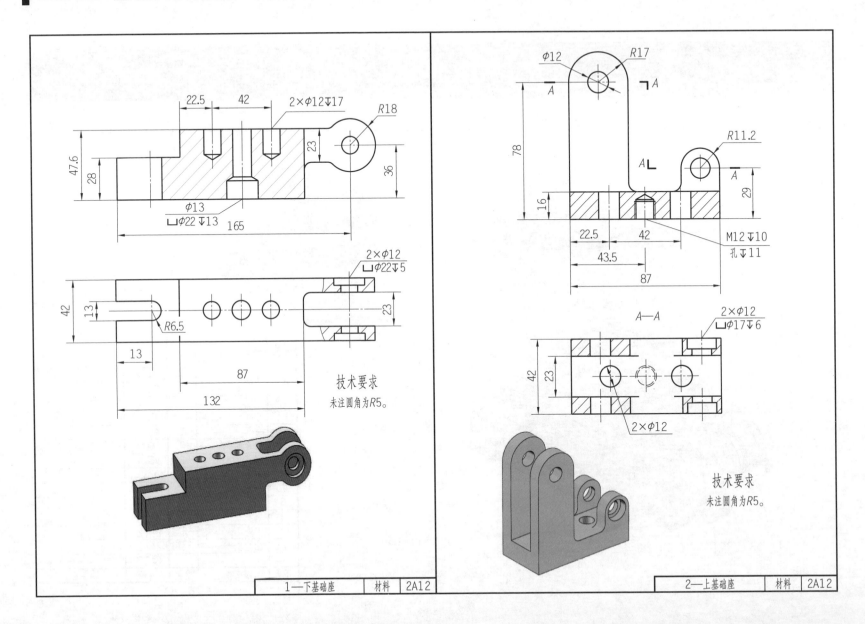

22.5　42　2×φ12↧17　R18

47.6　28　23　36

φ13
⊔φ22↧13　165

2×φ12
⊔φ22↧5

42　13　23

R6.5

13

87

132

技术要求
未注圆角为R5。

φ12　R17

A　A

78　R11.2

A　A

16　29

22.5　42

M12↧10
孔↧11

43.5

87

A—A

2×φ12
⊔φ17↧6

42　23

2×φ12

技术要求
未注圆角为R5。

1—下基础座	材料	2A12

2—上基础座	材料	2A12

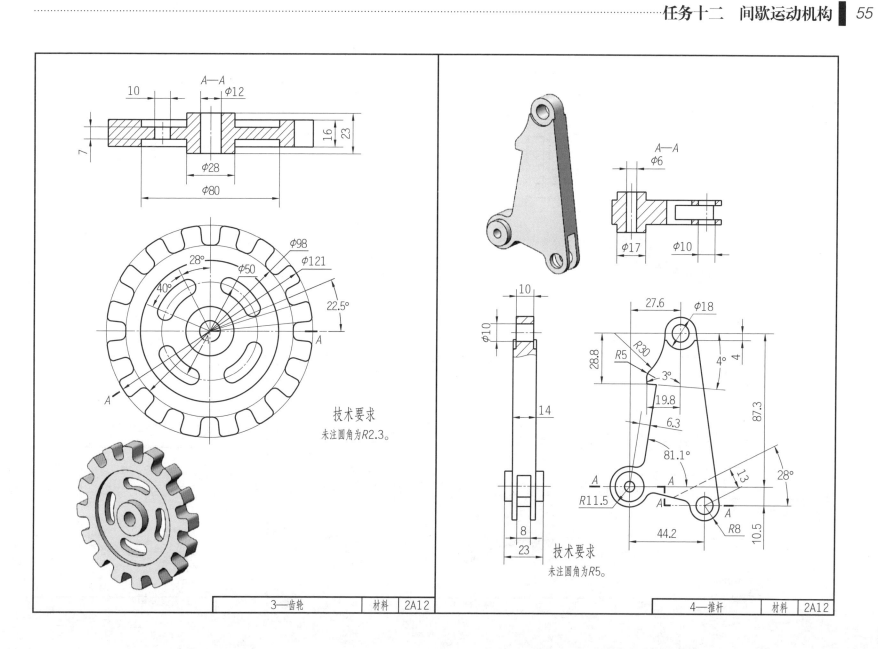

技术要求
未注圆角为R2.3。

技术要求
未注圆角为R5。

| 3—齿轮 | 材料 | 2A12 |

| 4—推杆 | 材料 | 2A12 |

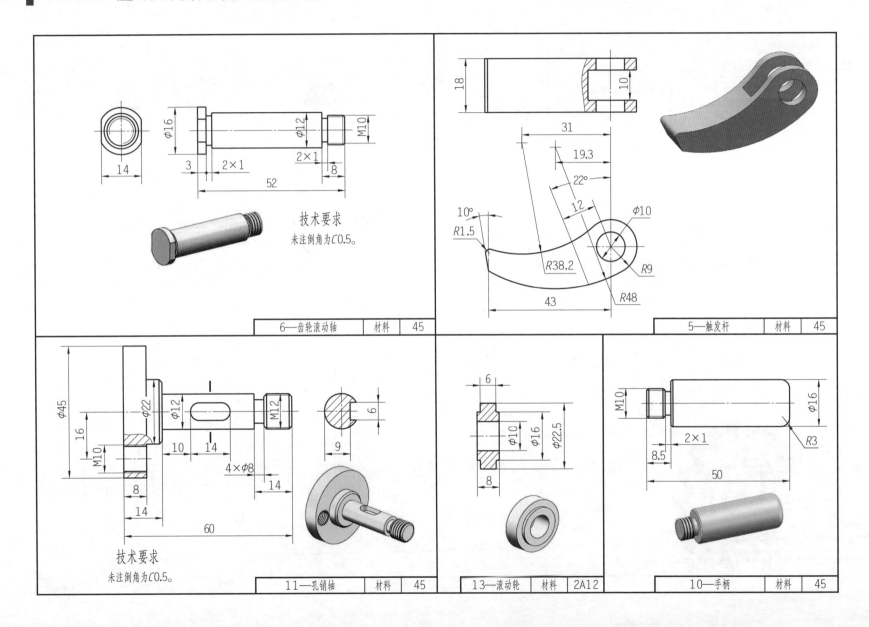

技术要求

未注倒角为 C0.5。

6—齿轮滚动轴 | 材料 | 45

5—触发杆 | 材料 | 45

技术要求

未注倒角为 C0.5。

11—孔销轴 | 材料 | 45

13—滚动轮 | 材料 | 2A12

10—手柄 | 材料 | 45

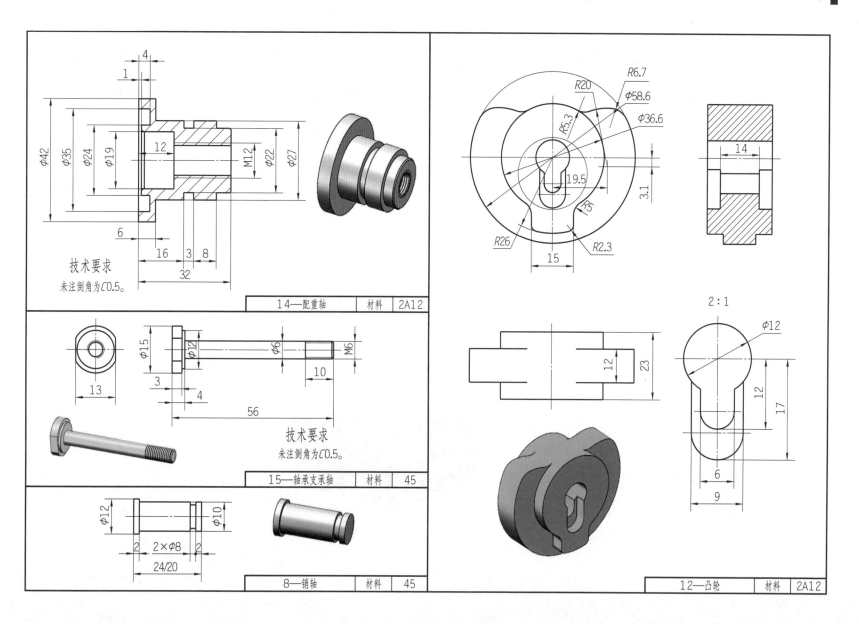

技术要求
未注倒角为C0.5。

14—配重轴　材料　2A12

技术要求
未注倒角为C0.5。

15—轴承支承轴　材料　45

8—销轴　材料　45

12—凸轮　材料　2A12

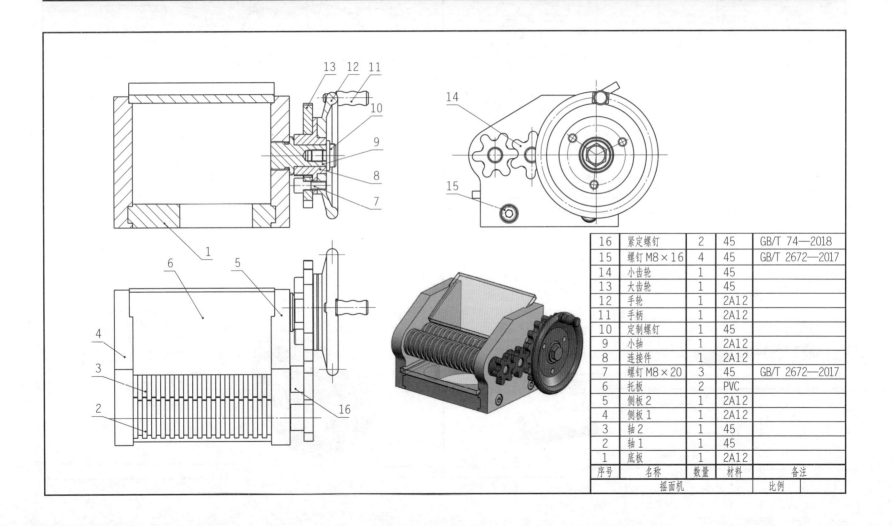

任务十三　摇　面　机

序号	名称	数量	材料	备注
16	紧定螺钉	2	45	GB/T 74—2018
15	螺钉 M8×16	4	45	GB/T 2672—2017
14	小齿轮	1	45	
13	大齿轮	1	45	
12	手轮	1	2A12	
11	手柄	1	2A12	
10	定制螺钉	1	45	
9	小轴	1	2A12	
8	连接件	1	2A12	
7	螺钉 M8×20	3	45	GB/T 2672—2017
6	托板	2	PVC	
5	侧板 2	1	2A12	
4	侧板 1	1	2A12	
3	轴 2	1	45	
2	轴 1	1	45	
1	底板	1	2A12	
摇面机			比例	

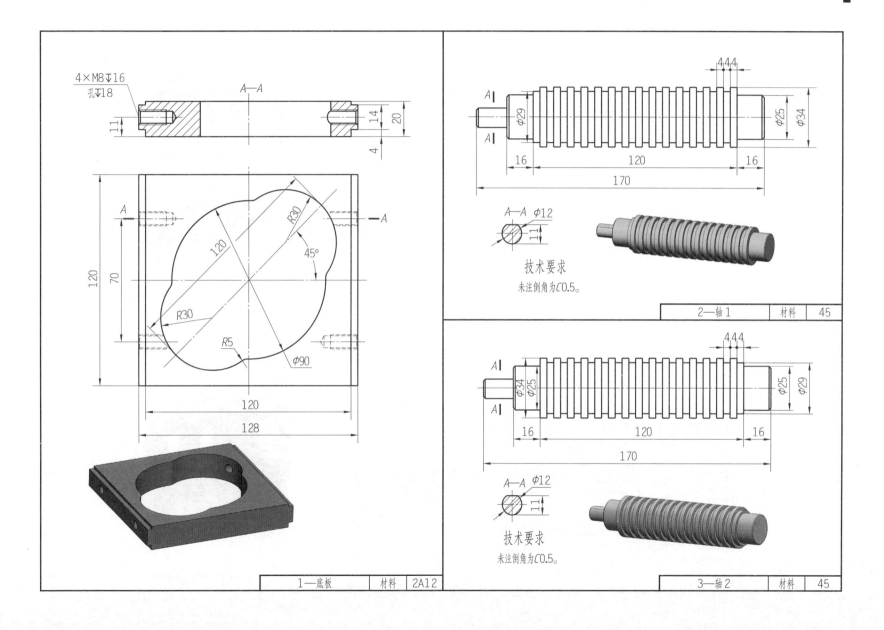

4×M8↧16
孔↧18
A—A
11
14
20
4
A
A
120
70
120
R30
45°
R30
R5
φ90
120
128

1—底板	材料	2A12

A
A
φ29
φ25
φ34
16
120
16
170
A—A φ12
11

技术要求

未注倒角为C0.5。

2—轴 1	材料	45

A
A
φ34
φ25
φ25
φ29
16
120
16
170
A—A φ12
11

技术要求

未注倒角为C0.5。

3—轴 2	材料	45

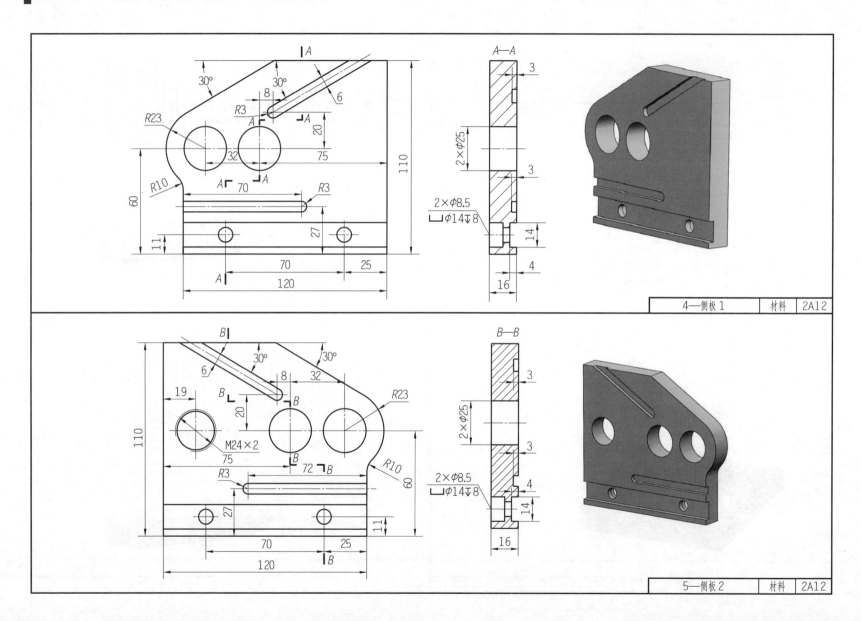

| 4—侧板1 | 材料 | 2A12 |
| 5—侧板2 | 材料 | 2A12 |

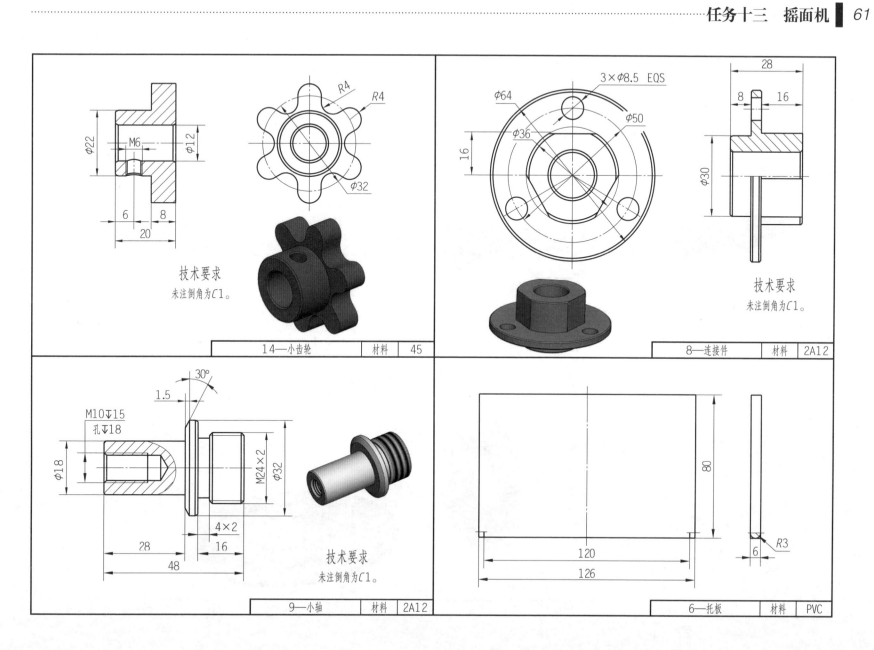

技术要求
未注倒角为C1。

| 14—小齿轮 | 材料 | 45 |

技术要求
未注倒角为C1。

| 8—连接件 | 材料 | 2A12 |

技术要求
未注倒角为C1。

| 9—小轴 | 材料 | 2A12 |

| 6—托板 | 材料 | PVC |

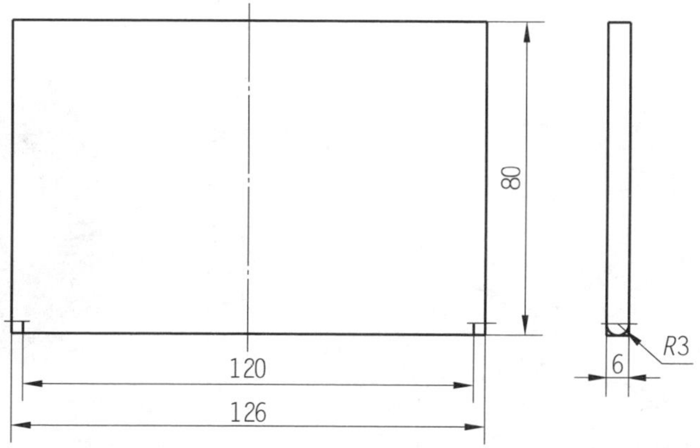

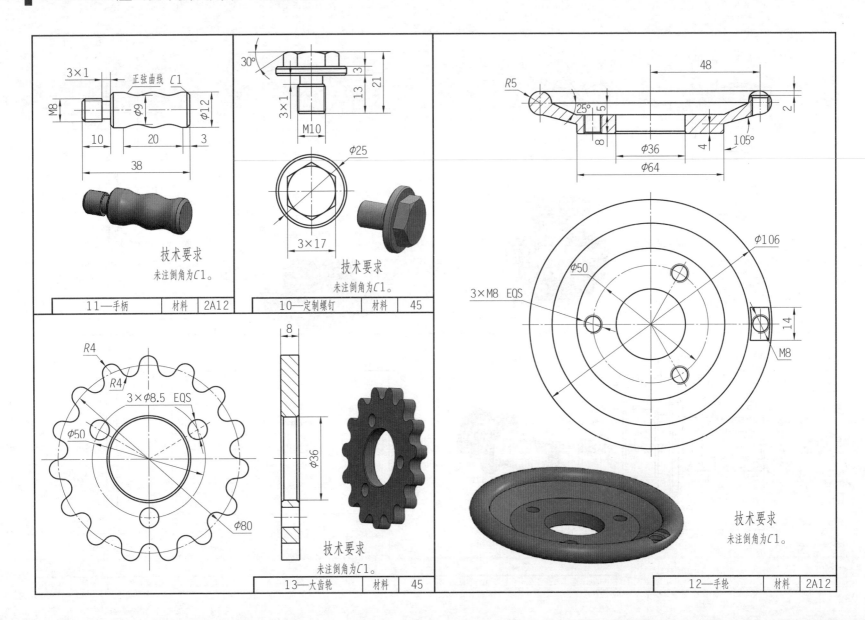

技术要求

未注倒角为C1。

| 11—手柄 | 材料 | 2A12 |

技术要求

未注倒角为C1。

| 10—定制螺钉 | 材料 | 45 |

技术要求

未注倒角为C1。

| 13—大齿轮 | 材料 | 45 |

技术要求

未注倒角为C1。

| 12—手轮 | 材料 | 2A12 |

任务十四　擀　面　机　构

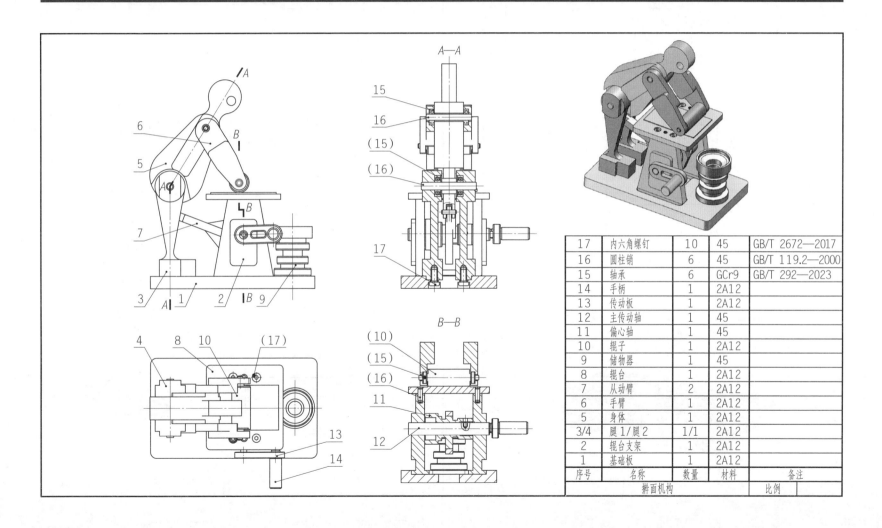

17	内六角螺钉	10	45	GB/T 2672—2017
16	圆柱销	6	45	GB/T 119.2—2000
15	轴承	6	GCr9	GB/T 292—2023
14	手柄	1	2A12	
13	传动板	1	2A12	
12	主传动轴	1	45	
11	偏心轴	1	45	
10	辊子	1	2A12	
9	储物器	1	45	
8	辊台	1	2A12	
7	从动臂	2	2A12	
6	手臂	1	2A12	
5	身体	1	2A12	
3/4	腿1/腿2	1/1	2A12	
2	辊台支架	1	2A12	
1	基础板	1	2A12	
序号	名称	数量	材料	备注
	擀面机构			比例

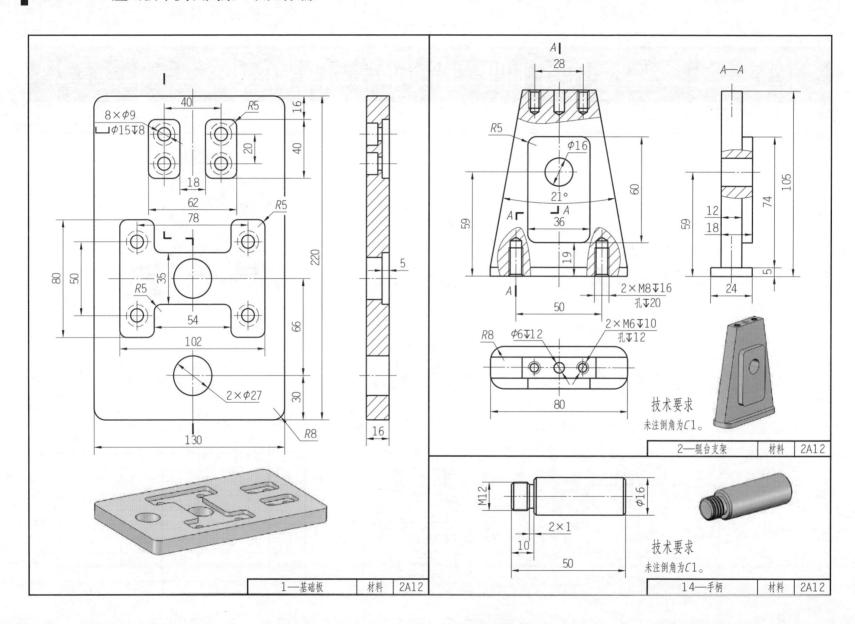

1—基础板	材料	2A12

技术要求

未注倒角为C1。

2—辊台支架	材料	2A12

技术要求

未注倒角为C1。

14—手柄	材料	2A12

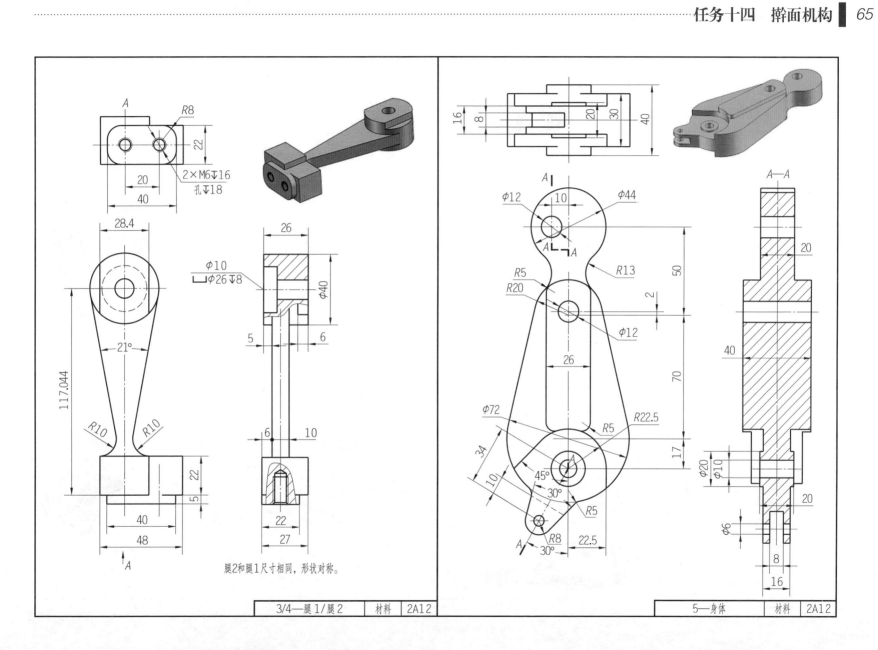

腿2和腿1尺寸相同，形状对称。

| 3/4—腿1/腿2 | 材料 | 2A12 |

| 5—身体 | 材料 | 2A12 |

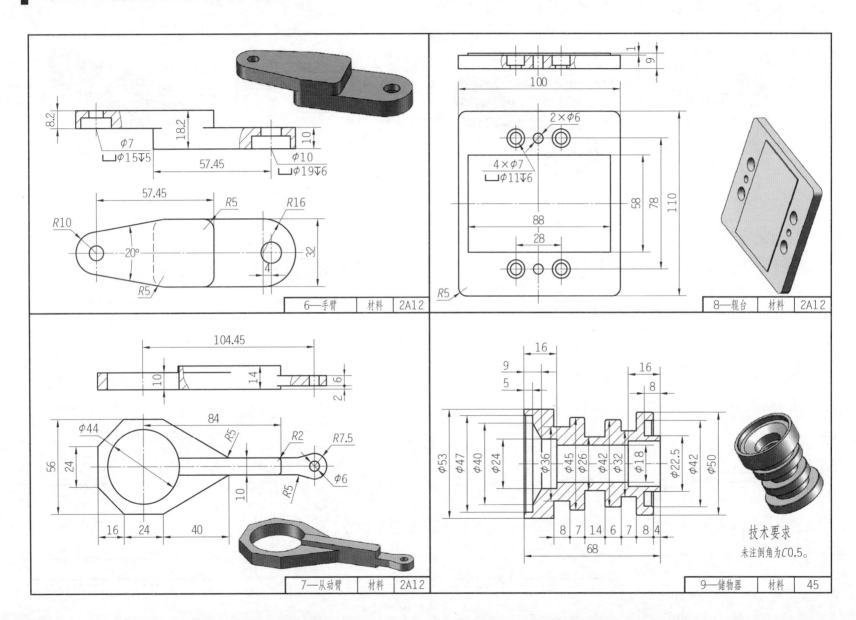

6—手臂	材料	2A12

8—辊台	材料	2A12

7—从动臂	材料	2A12

技术要求

未注倒角为C0.5。

9—储物器	材料	45

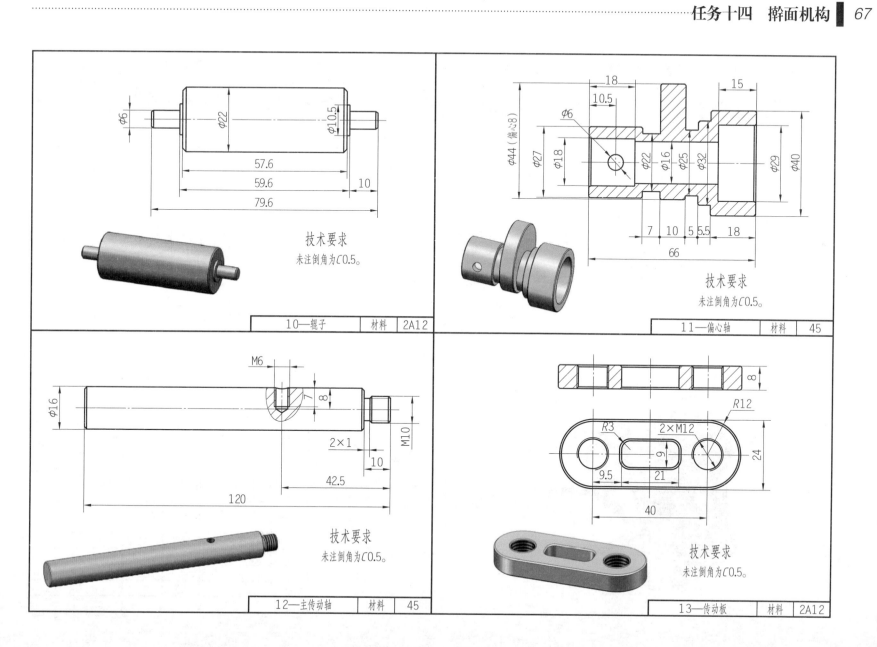

技术要求
未注倒角为C0.5。

| 10—辊子 | 材料 | 2A12 |

技术要求
未注倒角为C0.5。

| 11—偏心轴 | 材料 | 45 |

技术要求
未注倒角为C0.5。

| 12—主传动轴 | 材料 | 45 |

技术要求
未注倒角为C0.5。

| 13—传动板 | 材料 | 2A12 |

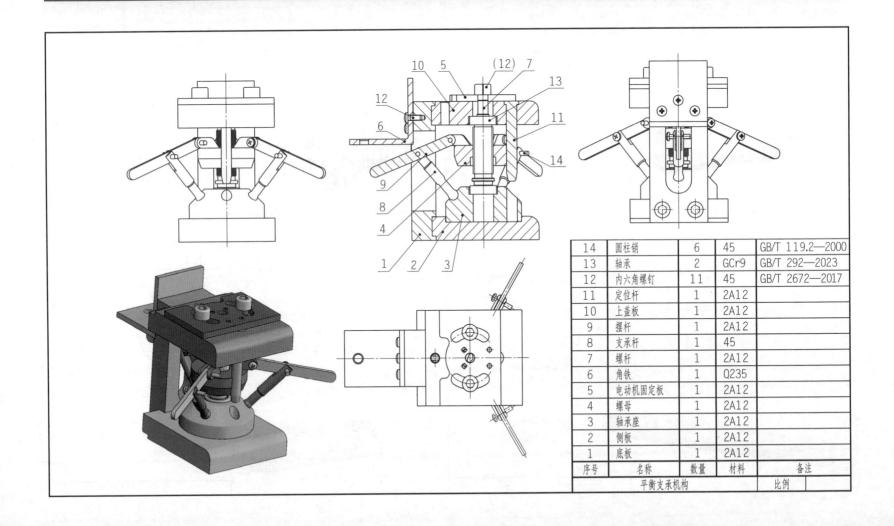

任务十五　平衡支承机构

14	圆柱销	6	45	GB/T 119.2—2000
13	轴承	2	GCr9	GB/T 292—2023
12	内六角螺钉	11	45	GB/T 2672—2017
11	定位杆	1	2A12	
10	上盖板	1	2A12	
9	摆杆	1	2A12	
8	支承杆	1	45	
7	螺杆	1	2A12	
6	角铁	1	Q235	
5	电动机固定板	1	2A12	
4	螺母	1	2A12	
3	轴承座	1	2A12	
2	侧板	1	2A12	
1	底板	1	2A12	
序号	名称	数量	材料	备注
平衡支承机构			比例	

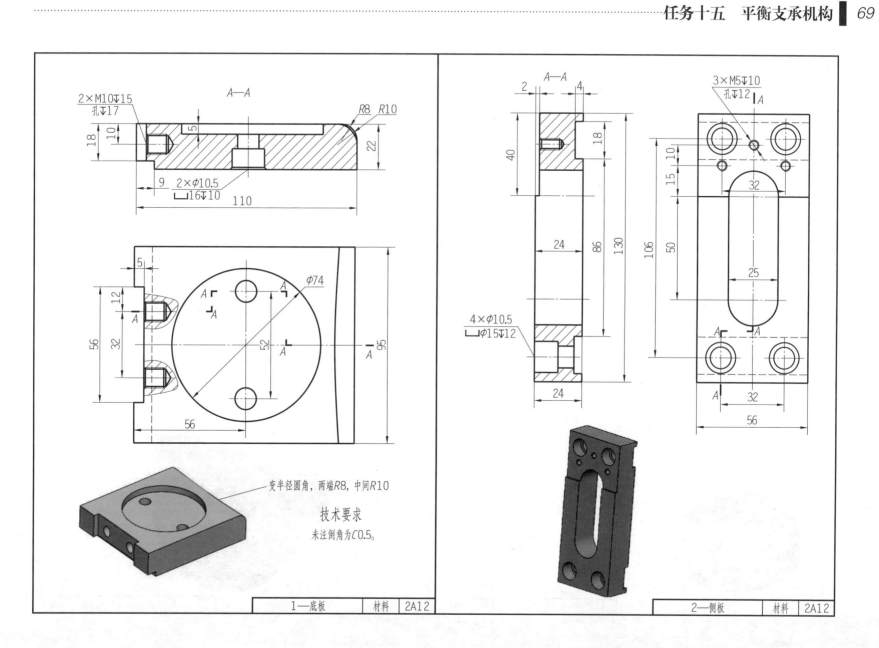

R8
R10
10
变半径圆角，两端R8，中间R10

技术要求

未注倒角为C0.5。

1—底板	材料	2A12

10

2—侧板	材料	2A12

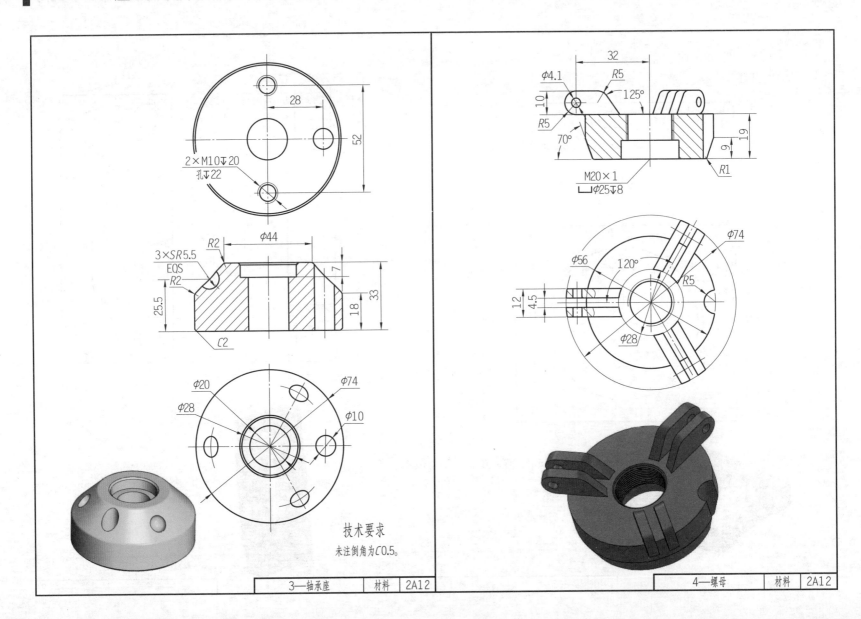

2×M10↧20
孔↧22

52

28

R2
3×SR5.5
EQS
R2
φ44
25.5
33
18
7
C2

φ20
φ28
φ74
φ10

技术要求
未注倒角为C0.5。

3—轴承座 | 材料 | 2A12

32
φ4.1
R5
125°
10
R5
70°
M20×1
⊔φ25↧8
19
9
R1

φ56
φ74
120°
R5
12
4.5
φ28

4—螺母 | 材料 | 2A12

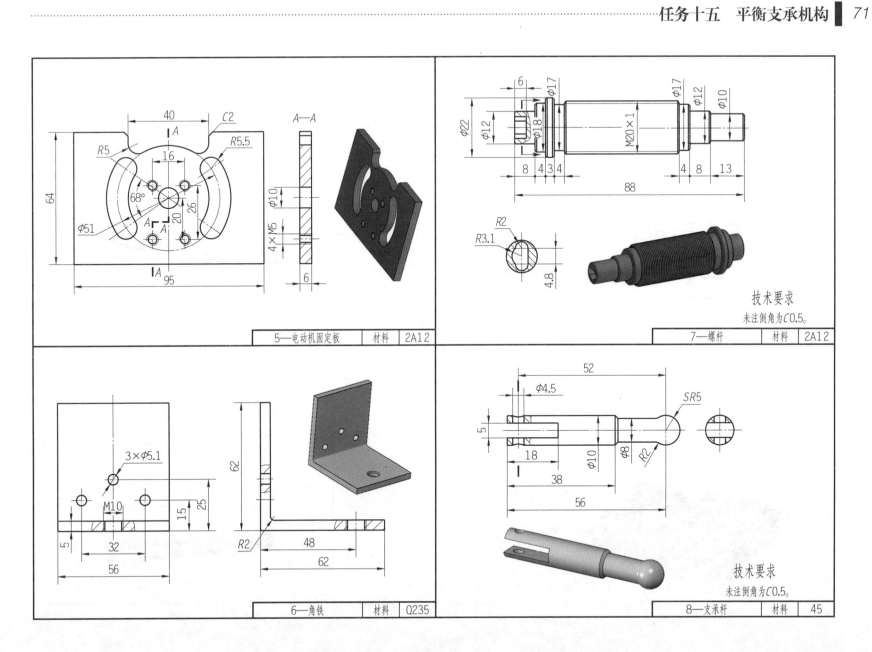

5—电动机固定板	材料	2A12

技术要求

未注倒角为C0.5。

7—螺杆	材料	2A12

6—角铁	材料	Q235

技术要求

未注倒角为C0.5。

8—支承杆	材料	45

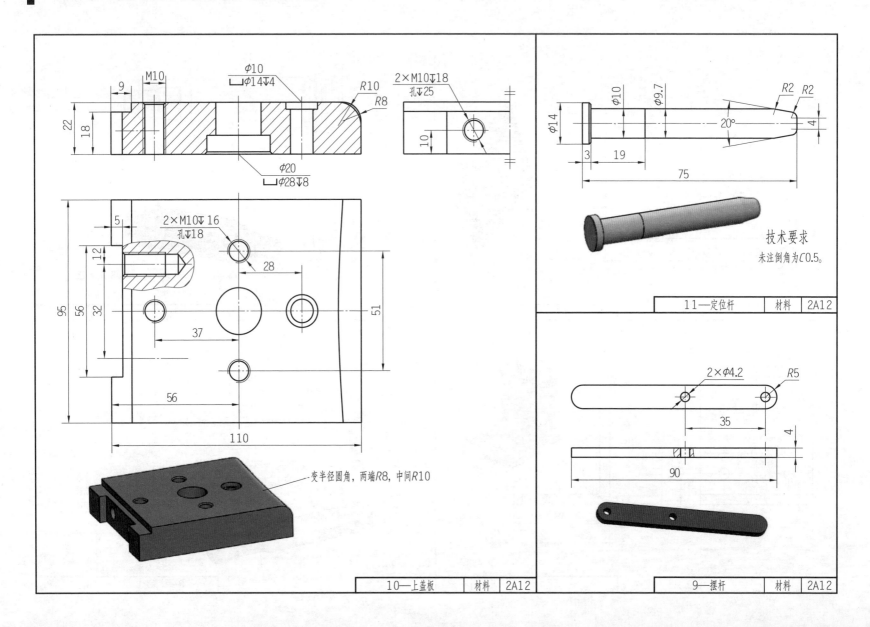

M10
φ10
□φ14↓4
R10
R8
9
22
18
φ20
□φ28↓8
2×M10↓18
孔↓25
10

2×M10↓16
孔↓18
5
12
95 56 32
28
37
51
56
110

变半径圆角，两端R8，中间R10

10—上盖板　材料　2A12

φ14
φ10
φ9.7
R2 R2
20°
4
3
19
75

技术要求
未注倒角为C0.5。

11—定位杆　材料　2A12

2×φ4.2
R5
35
4
90

9—摆杆　材料　2A12

任务十六 手动压币机构

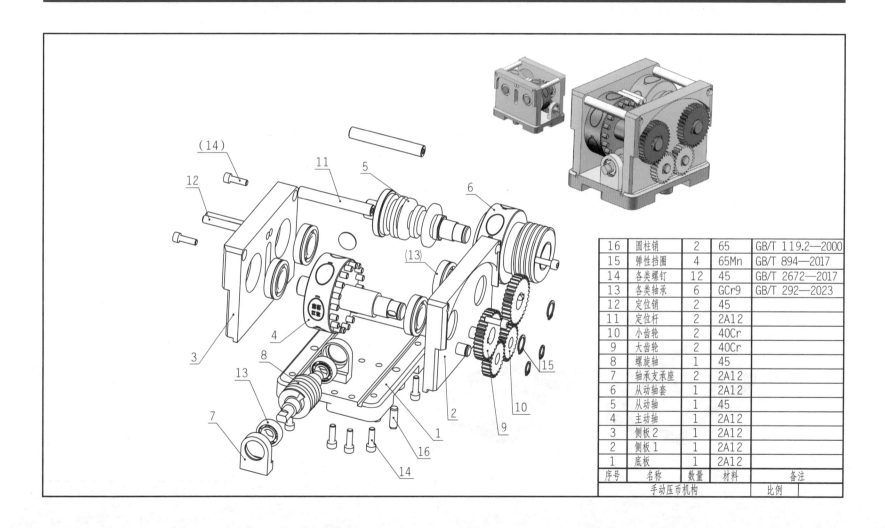

16	圆柱销	2	65	GB/T 119.2—2000
15	弹性挡圈	4	65Mn	GB/T 894—2017
14	各类螺钉	12	45	GB/T 2672—2017
13	各类轴承	6	GCr9	GB/T 292—2023
12	定位销	2	45	
11	定位杆	2	2A12	
10	小齿轮	2	40Cr	
9	大齿轮	2	40Cr	
8	螺旋轴	1	45	
7	轴承支承座	2	2A12	
6	从动轴套	1	2A12	
5	从动轴	1	45	
4	主动轴	1	2A12	
3	侧板2	1	2A12	
2	侧板1	1	2A12	
1	底板	1	2A12	
序号	名称	数量	材料	备注
手动压币机构			比例	

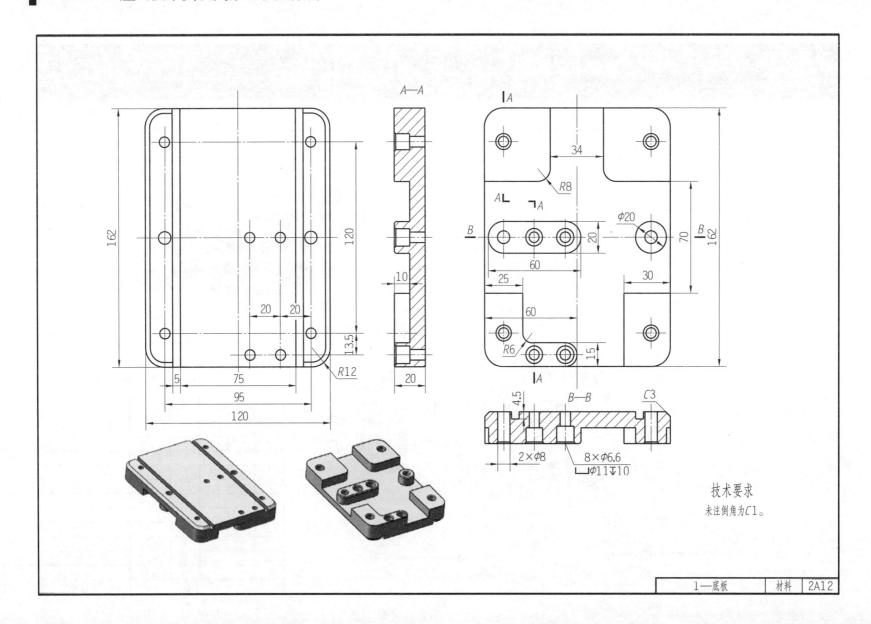

A—A

A

34

R8

A

A

B

ϕ20

20

70

B

162

60

25

30

60

R6

15

162

120

162

120

10

20

20

13.5

5

75

R12

95

120

20

4.5

B—B

C3

2×ϕ8

8×ϕ6.6

$\llcorner \phi$11$\downarrow$10

技术要求

未注倒角为C1。

| 1—底板 | 材料 | 2A12 |

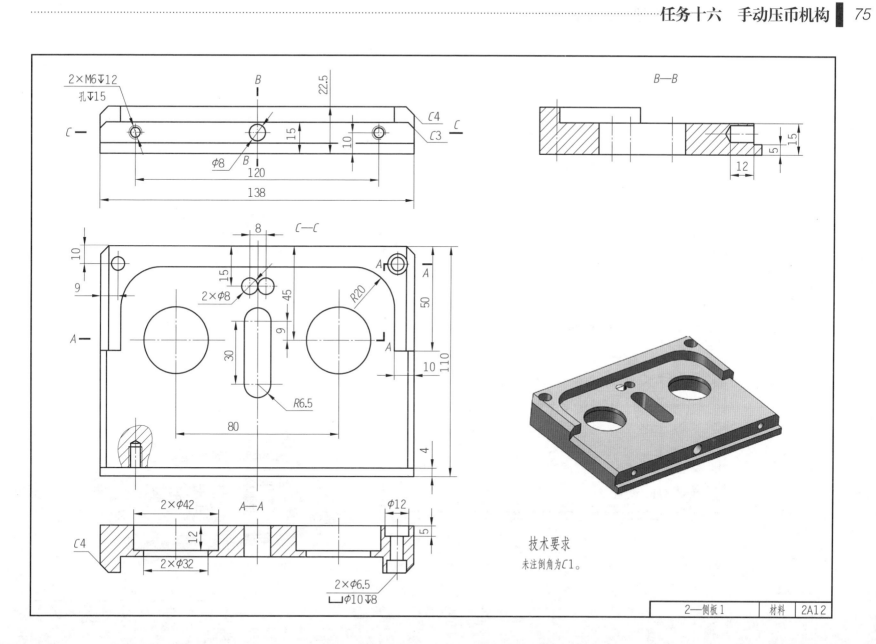

技术要求
未注倒角为C1。

2—侧板1 材料 2A12

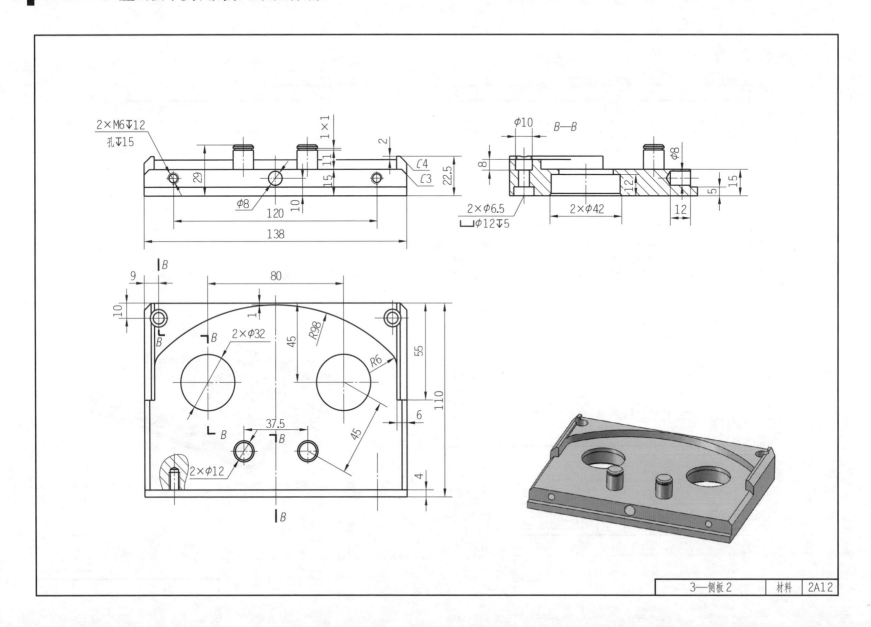

3—侧板2 | 材料 | 2A12

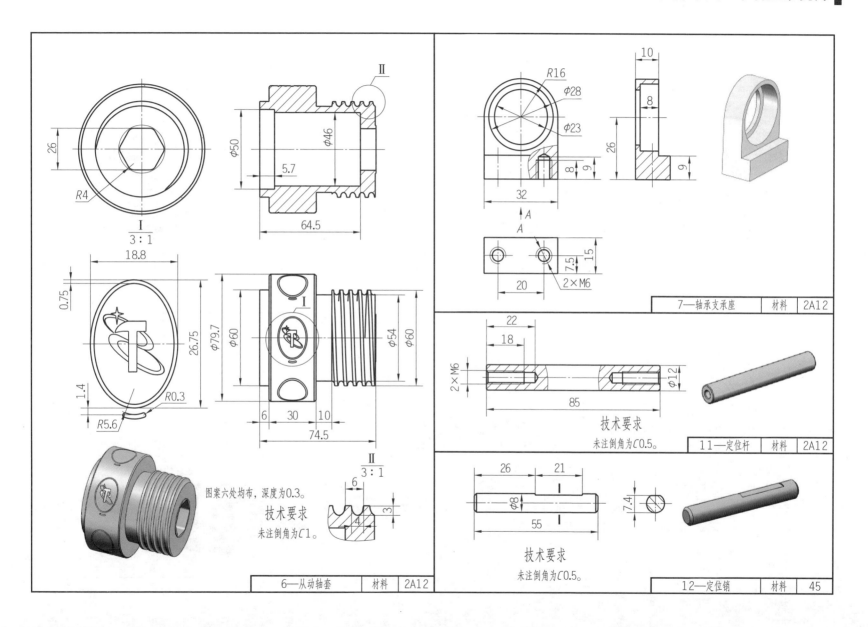

Ⅰ
3 : 1

图案六处均布，深度为0.3。

技术要求
未注倒角为C1。

技术要求
未注倒角为C0.5。

技术要求
未注倒角为C0.5。

6—从动轴套	材料	2A12

7—轴承支承座	材料	2A12

11—定位杆	材料	2A12

12—定位销	材料	45

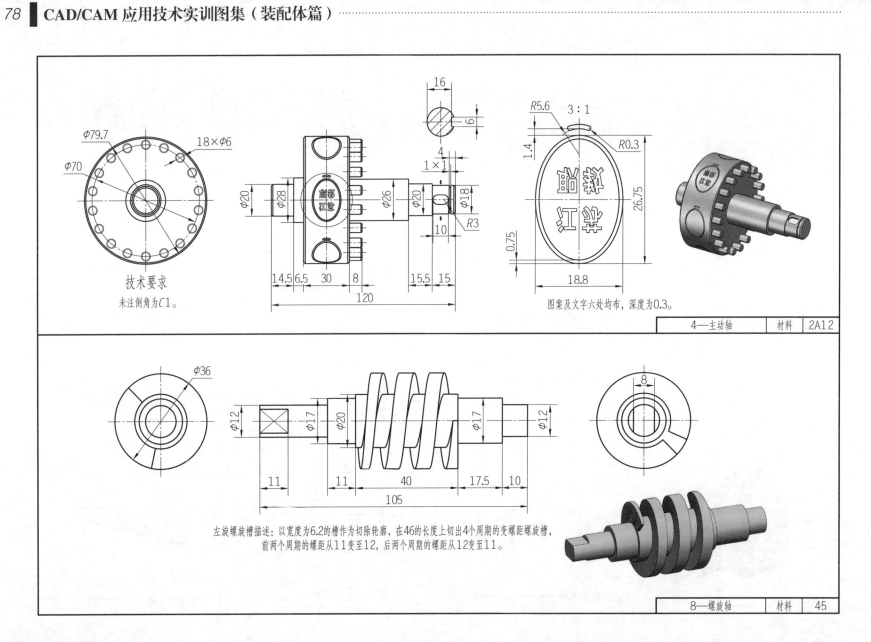

技术要求

未注倒角为C1。

16

6

3：1

R5.6

R0.3

1.4

26.75

0.75

18.8

图案及文字六处均布，深度为0.3。

φ79.7

18×φ6

φ70

φ20

φ28

φ26

φ20

φ18

4

1×1

10

R3

14.5 6.5 30 8 15.5 15

120

4—主动轴	材料	2A12

φ36

8

φ12

φ17

φ20

φ17

φ12

11 11 40 17.5 10

105

左旋螺旋槽描述：以宽度为6.2的槽作为切除轮廓，在46的长度上切出4个周期的变螺距螺旋槽，前两个周期的螺距从11变至12，后两个周期的螺距从12变至11。

8—螺旋轴	材料	45

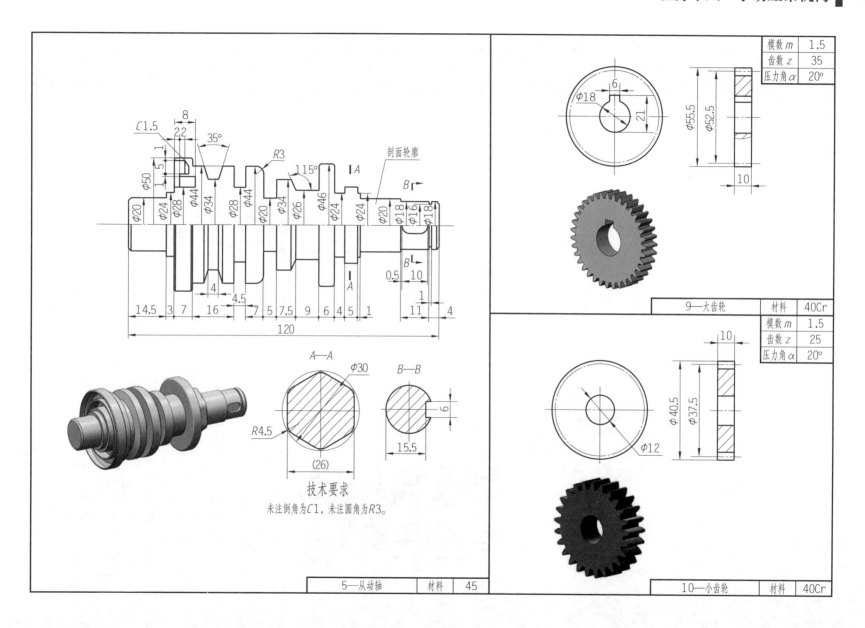

技术要求

未注倒角为C1，未注圆角为R3。

5—从动轴	材料	45

模数 m	1.5
齿数 z	35
压力角 α	20°

9—大齿轮	材料	40Cr

模数 m	1.5
齿数 z	25
压力角 α	20°

10—小齿轮	材料	40Cr

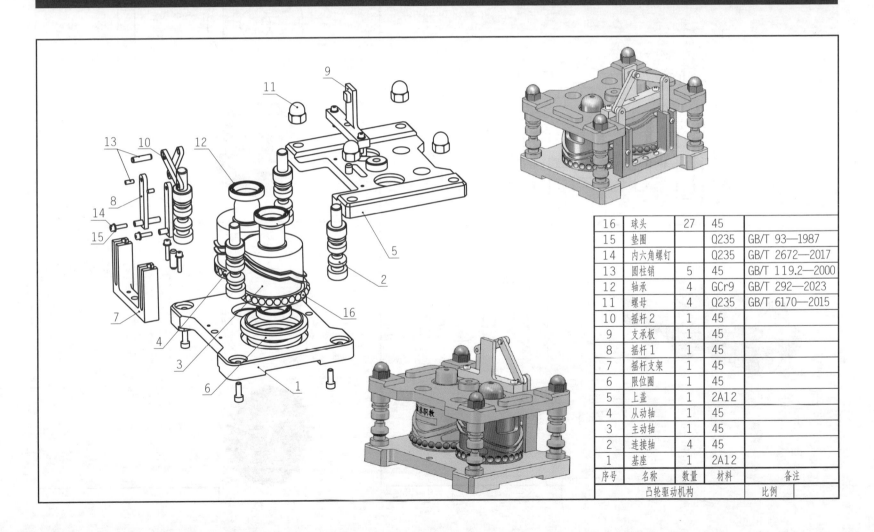

任务十七　凸轮驱动机构

序号	名称	数量	材料	备注
16	球头	27	45	
15	垫圈		Q235	GB/T 93—1987
14	内六角螺钉		Q235	GB/T 2672—2017
13	圆柱销	5	45	GB/T 119.2—2000
12	轴承	4	GCr9	GB/T 292—2023
11	螺母	4	Q235	GB/T 6170—2015
10	摇杆2	1	45	
9	支承板	1	45	
8	摇杆1	1	45	
7	摇杆支架	1	45	
6	限位圈	1	45	
5	上盖	1	2A12	
4	从动轴	1	45	
3	主动轴	1	45	
2	连接轴	4	45	
1	基座	1	2A12	
凸轮驱动机构			比例	

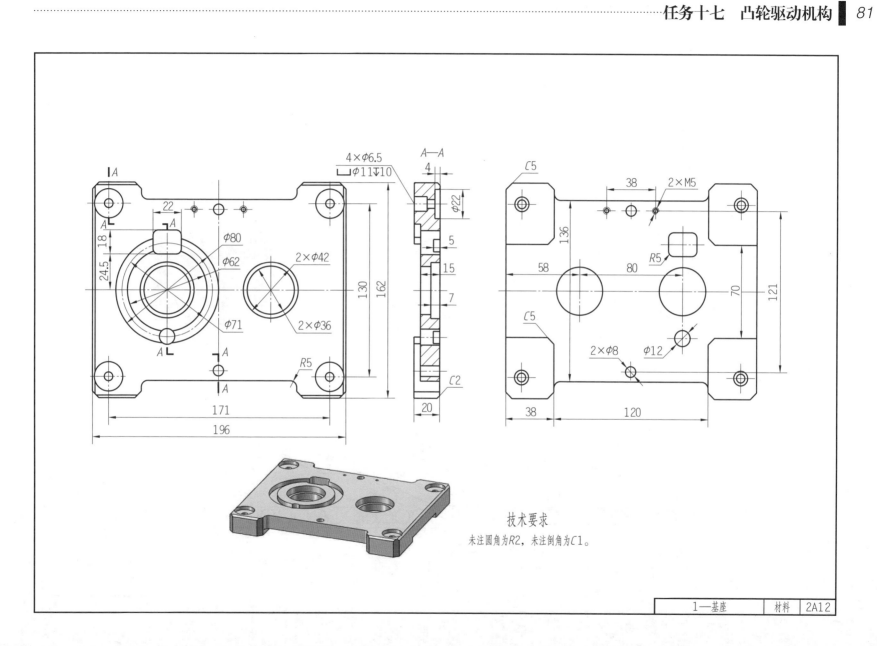

技术要求

未注圆角为R2，未注倒角为C1。

| 1—基座 | 材料 | 2A12 |

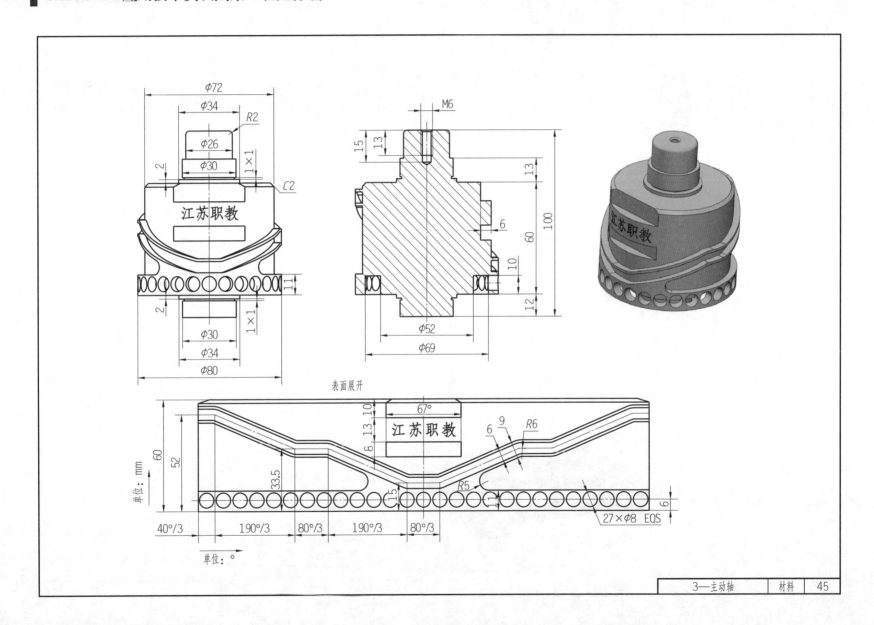

| 3—主动轴 | 材料 | 45 |

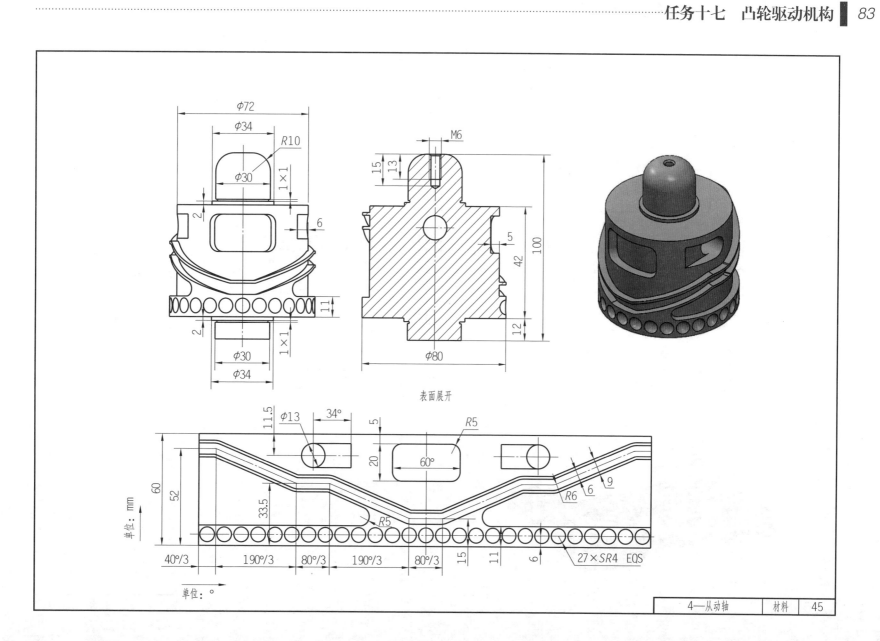

表面展开

单位：mm

单位：°

| 4—从动轴 | 材料 | 45 |

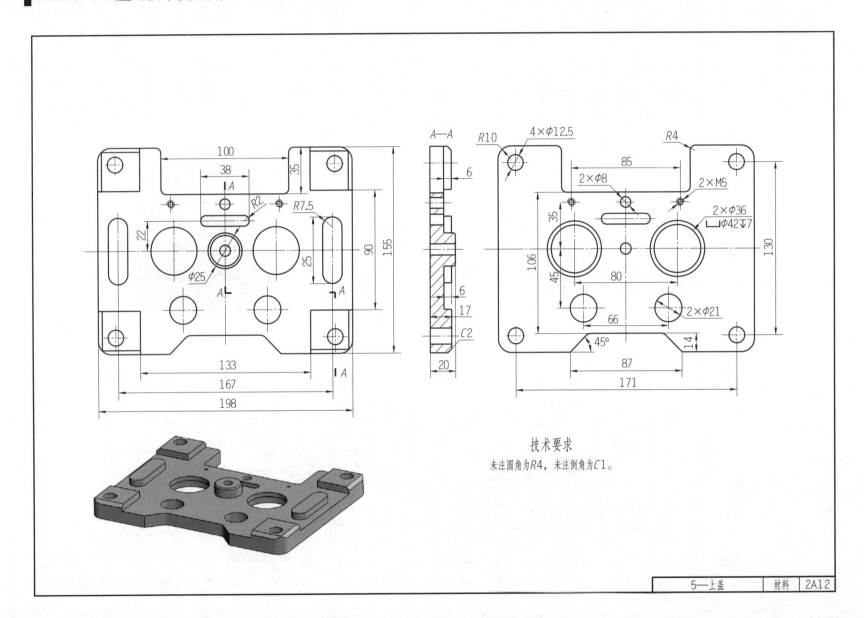

技术要求

未注圆角为R4，未注倒角为C1。

| 5—上盖 | 材料 | 2A12 |

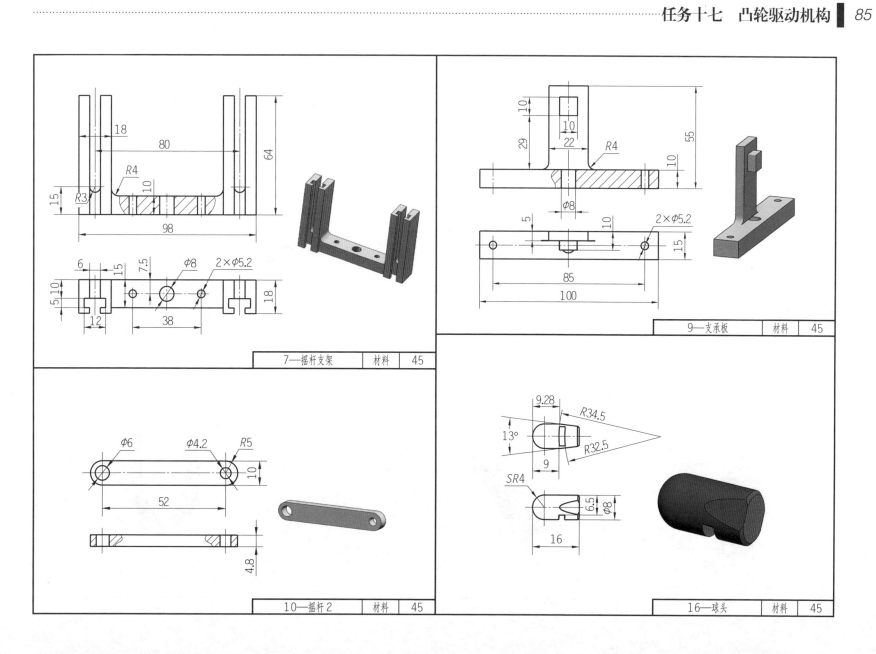

7—摇杆支架	材料	45

9—支承板	材料	45

10—摇杆2	材料	45

16—球头	材料	45

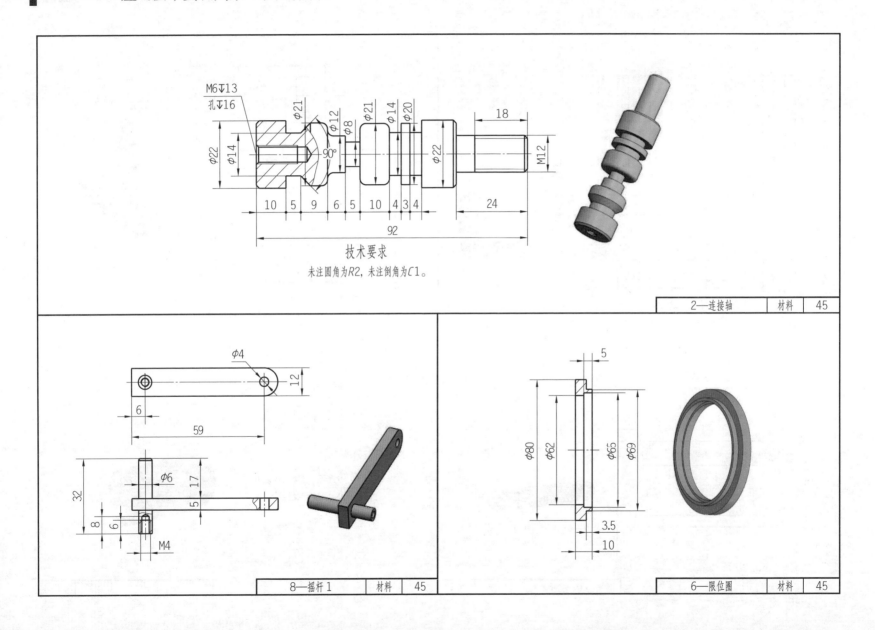

技术要求

未注圆角为R2，未注倒角为C1。

| | 2—连接轴 | 材料 | 45 |

| | 8—摇杆1 | 材料 | 45 |

| | 6—限位圈 | 材料 | 45 |

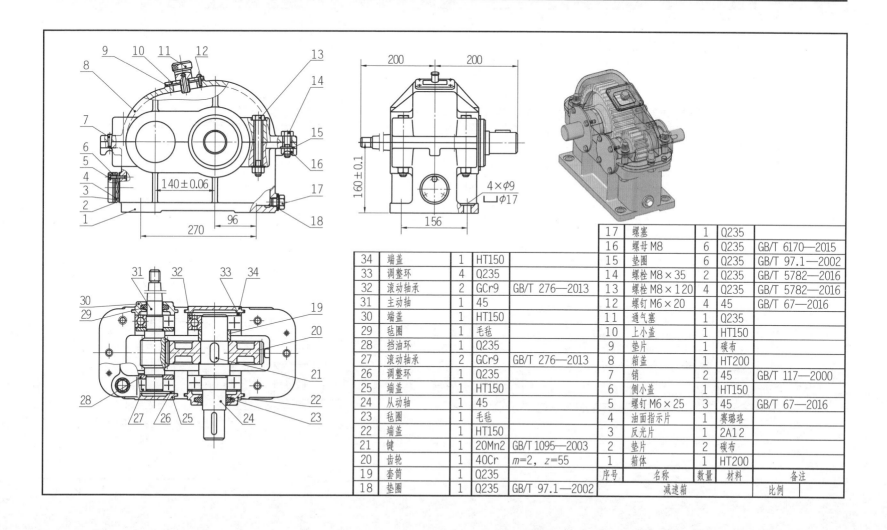

任务十八　减　速　箱

序号	名称	数量	材料	备注
34	端盖	1	HT150	
33	调整环	4	Q235	
32	滚动轴承	2	GCr9	GB/T 276—2013
31	主动轴	1	45	
30	端盖	1	HT150	
29	毡圈	1	毛毡	
28	挡油环	1	Q235	
27	滚动轴承	2	GCr9	GB/T 276—2013
26	调整环	1	Q235	
25	端盖	1	HT150	
24	从动轴	1	45	
23	毡圈	1	毛毡	
22	端盖	1	HT150	
21	键	1	20Mn2	GB/T 1095—2003
20	齿轮	1	40Cr	m=2，z=55
19	套筒	1	Q235	
18	垫圈	1	Q235	GB/T 97.1—2002
17	螺塞	1	Q235	
16	螺母 M8	6	Q235	GB/T 6170—2015
15	垫圈	6	Q235	GB/T 97.1—2002
14	螺栓 M8×35	2	Q235	GB/T 5782—2016
13	螺栓 M8×120	4	Q235	GB/T 5782—2016
12	螺钉 M6×20	4	45	GB/T 67—2016
11	通气塞	1	Q235	
10	上小盖	1	HT150	
9	垫片	1	碳布	
8	箱盖	1	HT200	
7	销	2	45	GB/T 117—2000
6	侧小盖	1	HT150	
5	螺钉 M6×25	3	45	GB/T 67—2016
4	油面指示片	1	赛璐珞	
3	反光片	1	2A12	
2	垫片	2	碳布	
1	箱体	1	HT200	

减速箱	比例	

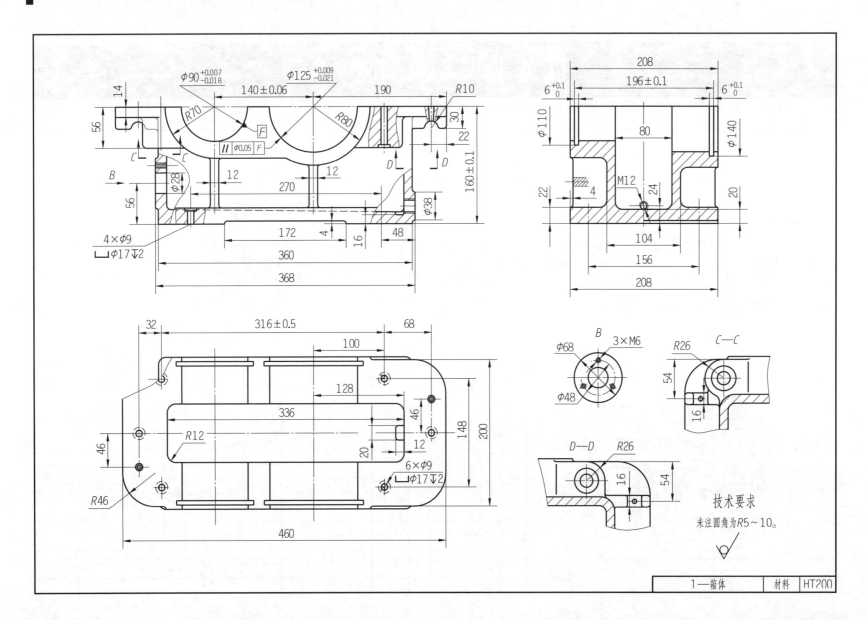

技术要求

未注圆角为R5~10。

| 1—箱体 | 材料 | HT200 |

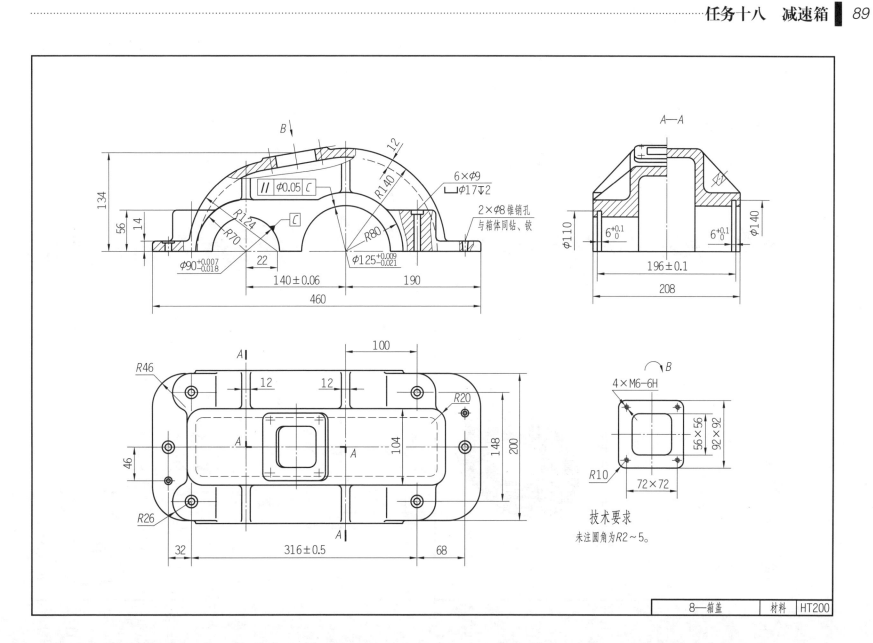

技术要求
未注圆角为R2~5。

| 8—箱盖 | 材料 | HT200 |

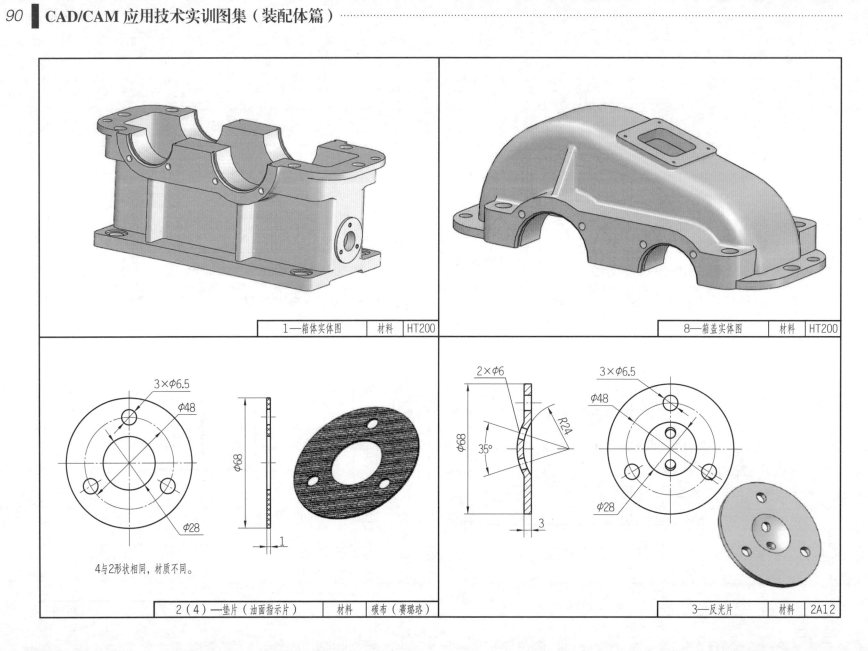

| 1—箱体实体图 | 材料 | HT200 |

| 8—箱盖实体图 | 材料 | HT200 |

3×φ6.5
φ48
φ68
φ28
1

4与2形状相同，材质不同。

| 2（4）—垫片（油面指示片） | 材料 | 碳布（赛璐珞） |

2×φ6
φ68
35°
R24
3
3×φ6.5
φ48
φ28

| 3—反光片 | 材料 | 2A12 |

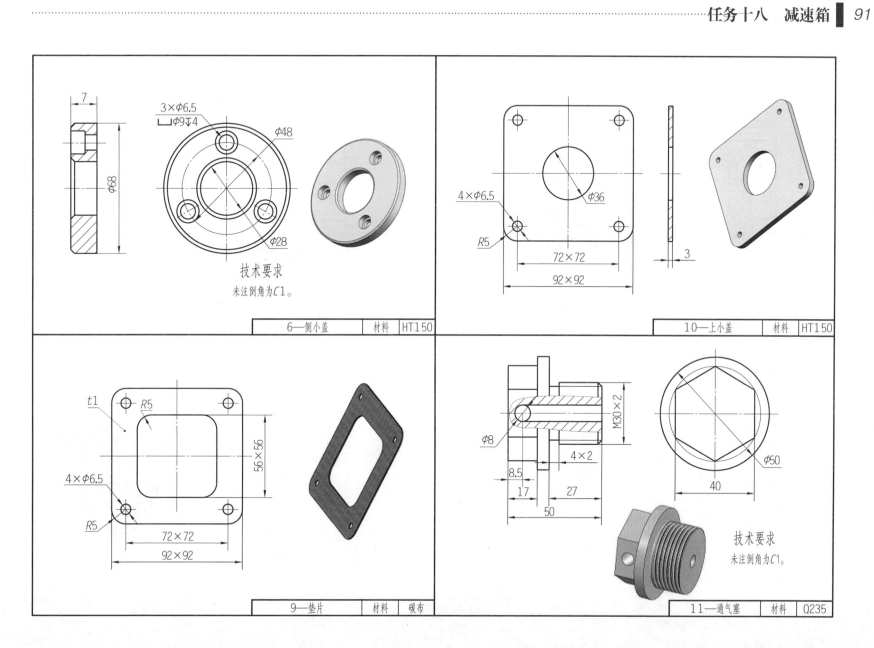

7

$\phi68$

$3\times\phi6.5$

$\sqcup\phi9\downarrow4$

$\phi48$

$\phi28$

技术要求

未注倒角为$C1$。

6—侧小盖　材料　HT150

$4\times\phi6.5$

$\phi36$

R5

72×72

92×92

3

10—上小盖　材料　HT150

$t1$　R5

56×56

$4\times\phi6.5$

R5

72×72

92×92

9—垫片　材料　碳布

$\phi8$

$M30\times2$

4×2

8.5

17　27

50

$\phi50$

40

技术要求

未注倒角为$C1$。

11—通气塞　材料　Q235

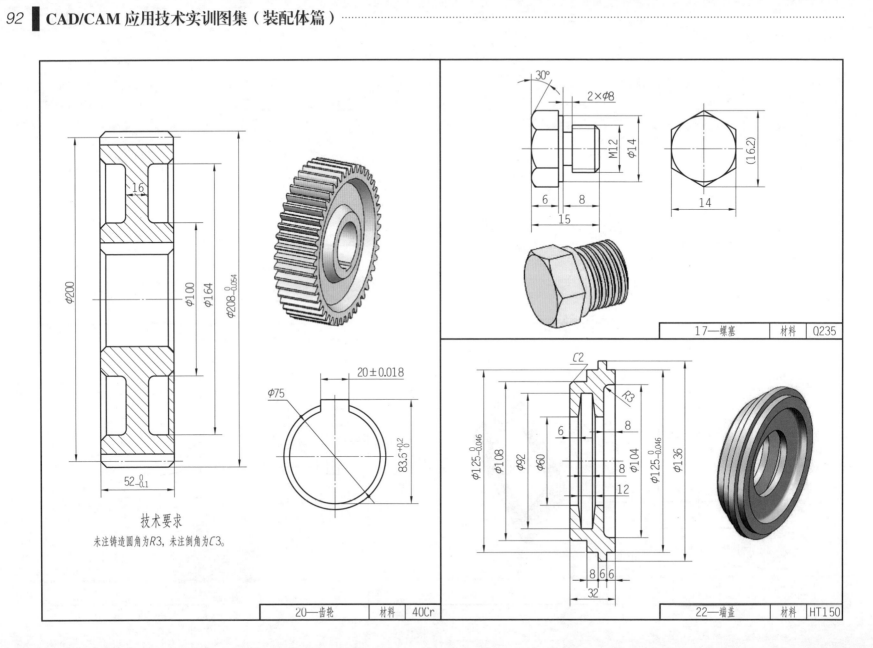

技术要求

未注铸造圆角为R3，未注倒角为C3。

20—齿轮	材料	40Cr

17—螺塞	材料	Q235

22—端盖	材料	HT150

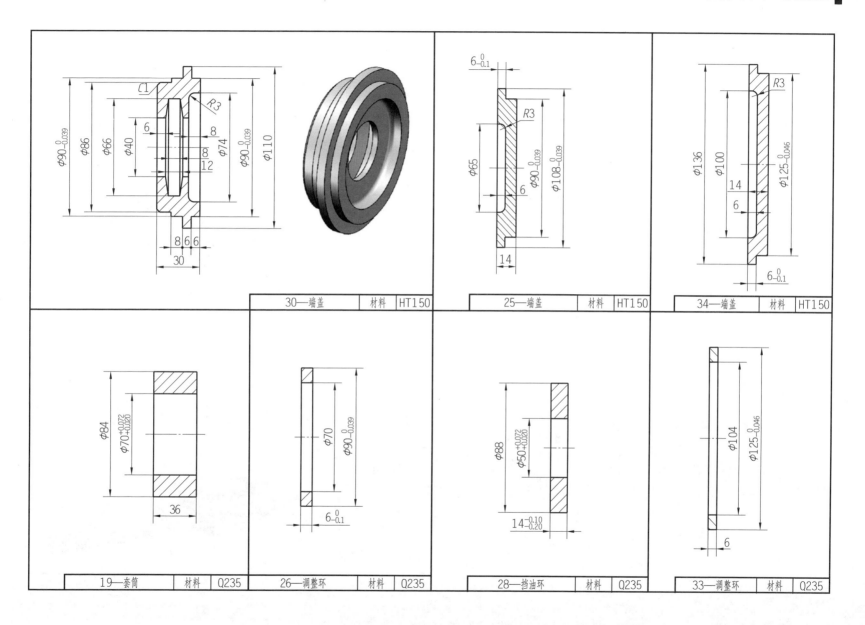

30—端盖	材料	HT150
25—端盖	材料	HT150
34—端盖	材料	HT150
19—套筒	材料	Q235
26—调整环	材料	Q235
28—挡油环	材料	Q235
33—调整环	材料	Q235

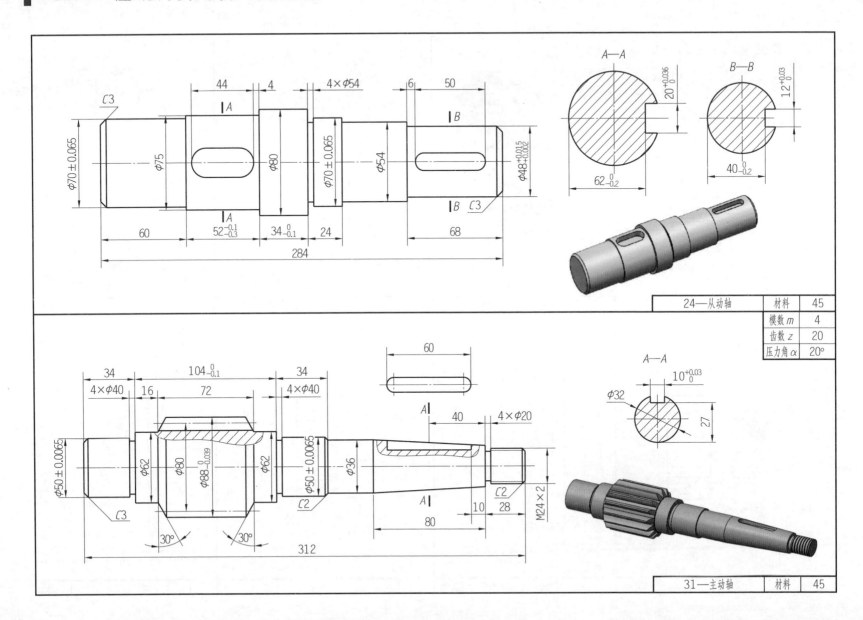

24—从动轴	材料	45
模数 m		4
齿数 z		20
压力角 α		20°

31—主动轴	材料	45

任务十九 齿 轮 泵

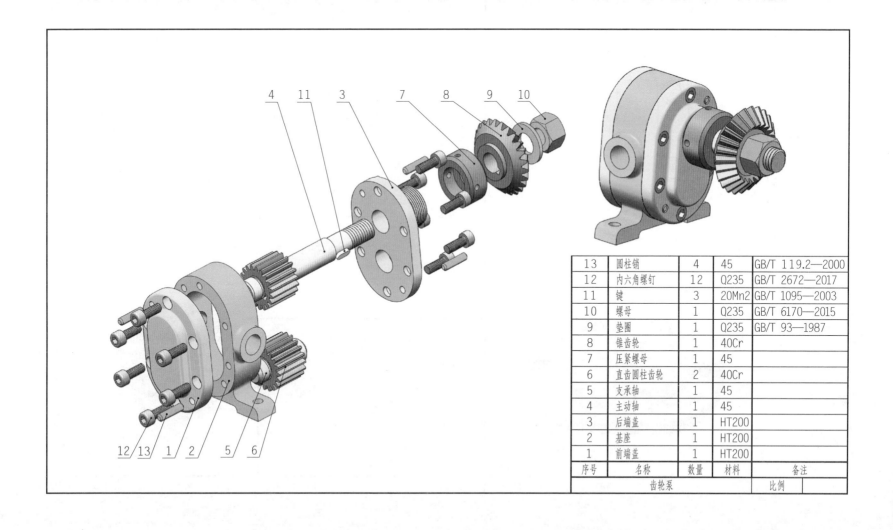

13	圆柱销	4	45	GB/T 119.2—2000
12	内六角螺钉	12	Q235	GB/T 2672—2017
11	键	3	20Mn2	GB/T 1095—2003
10	螺母	1	Q235	GB/T 6170—2015
9	垫圈	1	Q235	GB/T 93—1987
8	锥齿轮	1	40Cr	
7	压紧螺母	1	45	
6	直齿圆柱齿轮	2	40Cr	
5	支承轴	1	45	
4	主动轴	1	45	
3	后端盖	1	HT200	
2	基座	1	HT200	
1	前端盖	1	HT200	
序号	名称	数量	材料	备注
齿轮泵				比例

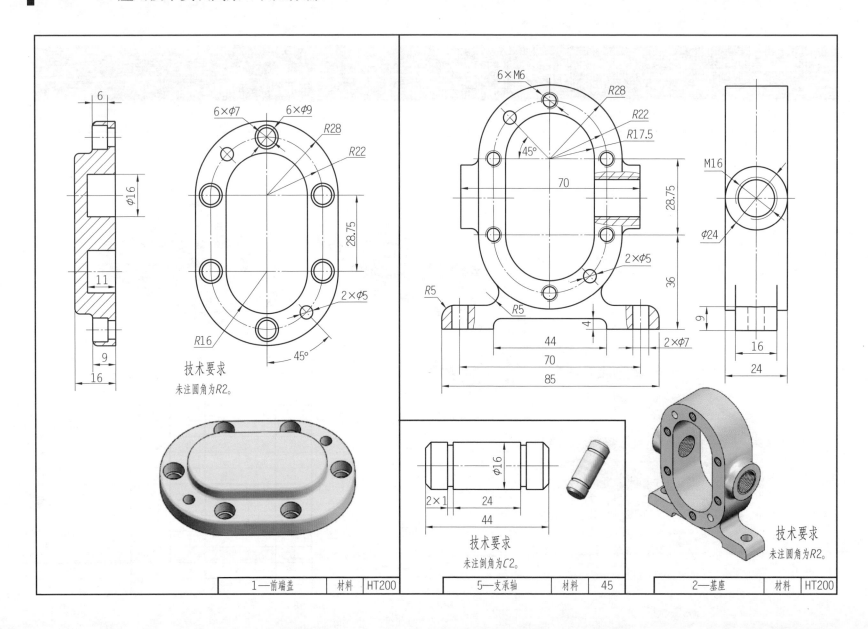

6
6×ϕ7
6×ϕ9
R28
R22
ϕ16
28.75
11
2×ϕ5
R16
9
16
45°

技术要求

未注圆角为R2。

1—前端盖	材料	HT200

6×M6
R28
R22
R17.5
45°
70
28.75
2×ϕ5
36
R5
R5
4
9
44
70
85
2×ϕ7
16
24

ϕ16
2×1
24
44

技术要求

未注倒角为C2。

5—支承轴	材料	45

技术要求

未注圆角为R2。

2—基座	材料	HT200

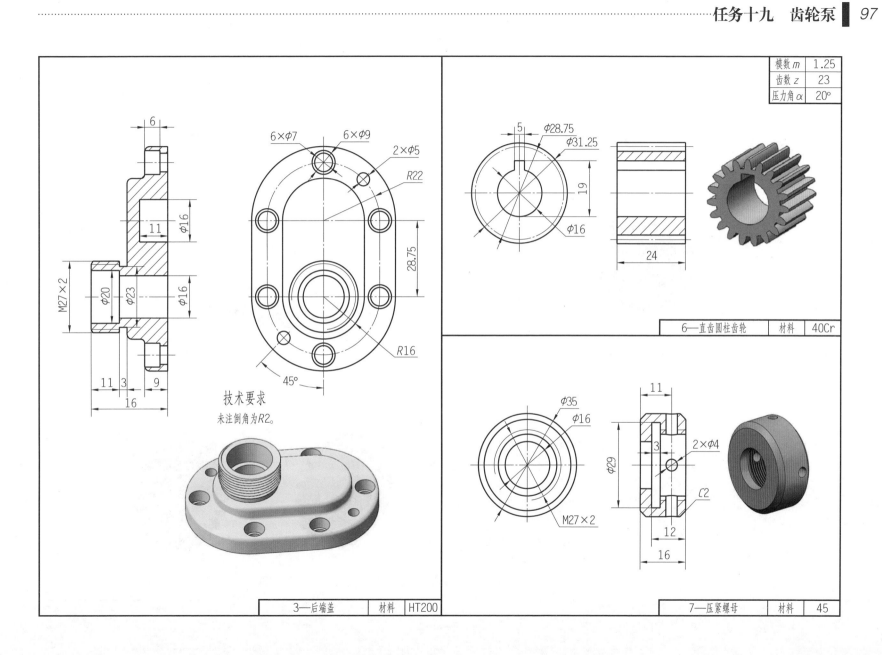

模数 m	1.25
齿数 z	23
压力角 α	20°

6×ϕ7
6×ϕ9
2×ϕ5
R22
28.75
R16
45°

6
11
M27×2
ϕ20
ϕ23
ϕ16
ϕ16
11　3　9
16

技术要求
未注倒角为R2。

ϕ28.75
ϕ31.25
19
ϕ16
5
24

6—直齿圆柱齿轮	材料	40Cr

3—后端盖	材料	HT200

ϕ35
ϕ16
ϕ29
2×ϕ4
3
C2
M27×2
11
12
16

7—压紧螺母	材料	45

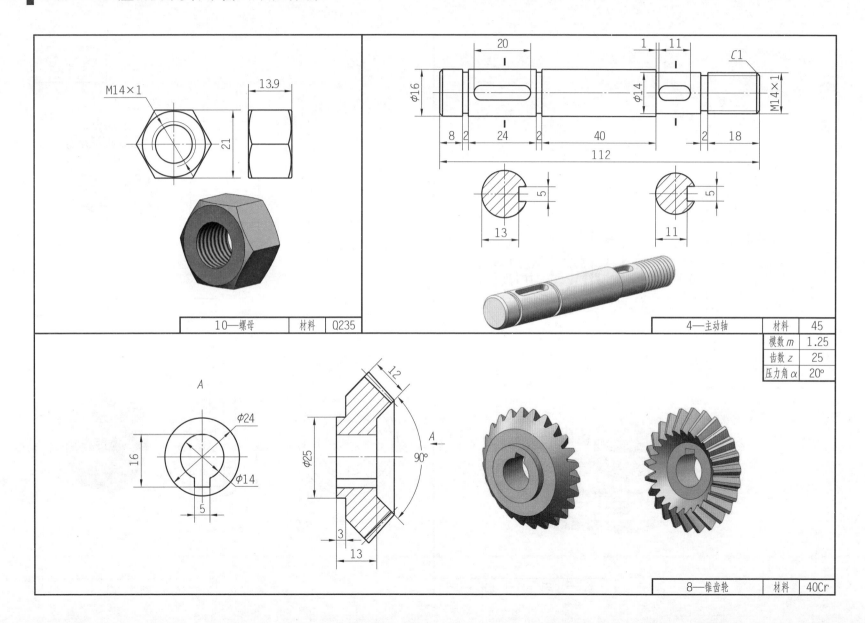

10—螺母	材料	Q235	

4—主动轴	材料	45
	模数 m	1.25
	齿数 z	25
	压力角 α	20°

8—锥齿轮	材料	40Cr

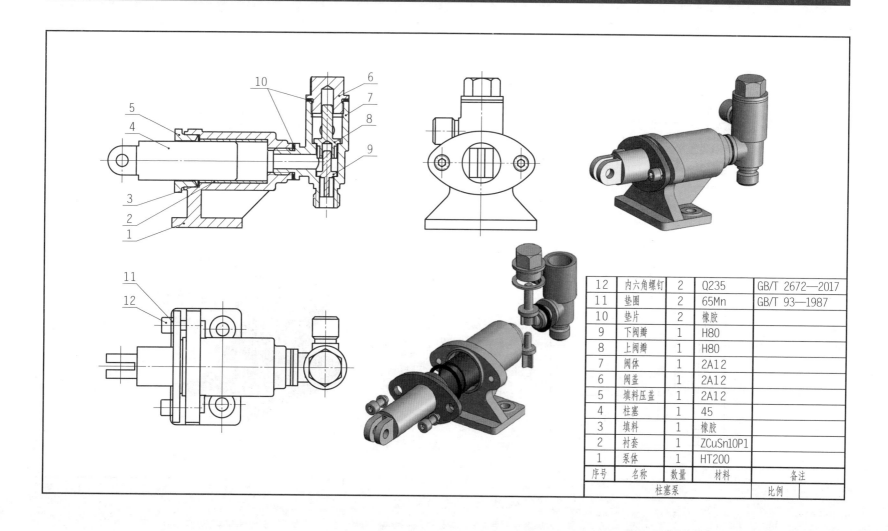

12	内六角螺钉	2	Q235	GB/T 2672—2017
11	垫圈	2	65Mn	GB/T 93—1987
10	垫片	2	橡胶	
9	下阀瓣	1	H80	
8	上阀瓣	1	H80	
7	阀体	1	2A12	
6	阀盖	1	2A12	
5	填料压盖	1	2A12	
4	柱塞	1	45	
3	填料	1	橡胶	
2	衬套	1	ZCuSn10P1	
1	泵体	1	HT200	
序号	名称	数量	材料	备注
	柱塞泵			比例

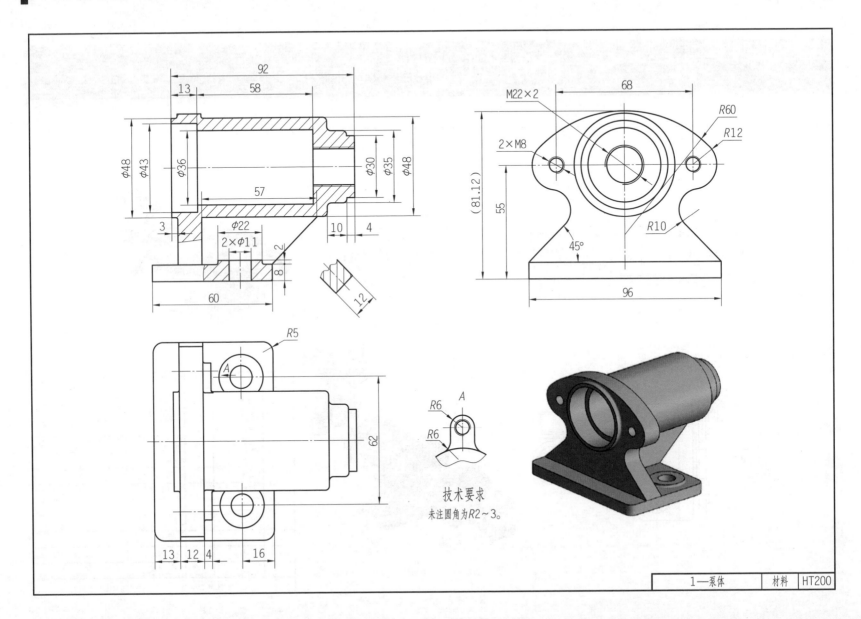

技术要求

未注圆角为R2～3。

| | 1—泵体 | 材料 | HT200 |

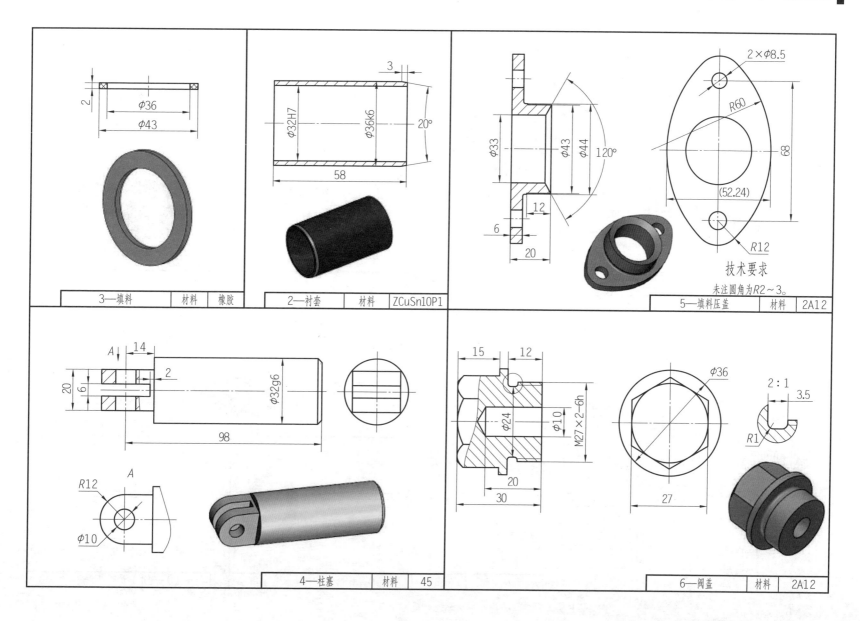

3—填料	材料	橡胶

2—衬套	材料	ZCuSn10P1

技术要求

未注圆角为R2~3。

5—填料压盖	材料	2A12

4—柱塞	材料	45

6—阀盖	材料	2A12

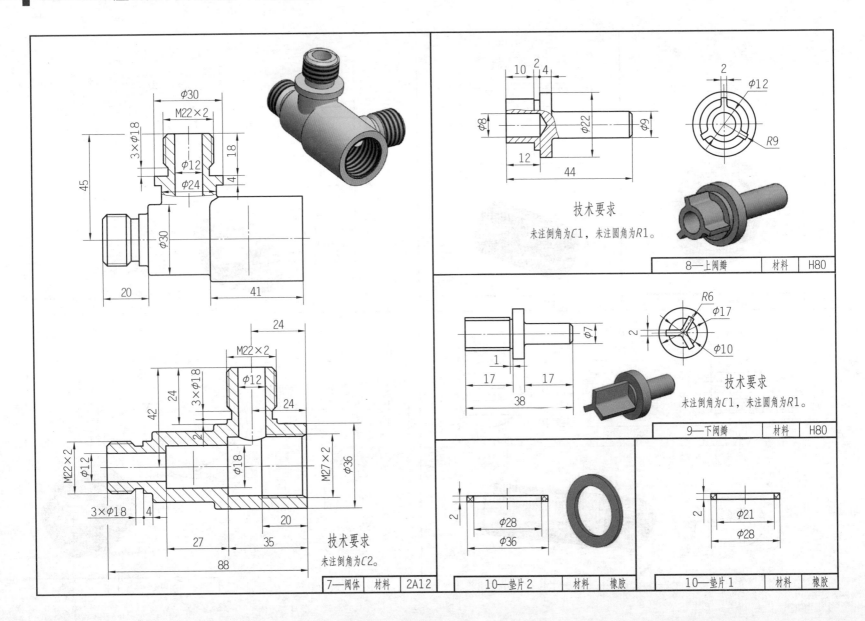

φ30
M22×2
3×φ18
φ12
φ24
18
4
45
φ30
20
41

技术要求
未注倒角为C1，未注圆角为R1。

| 8—上阀瓣 | 材料 | H80 |

10 2 4
φ8
φ22
φ9
12
44

2
φ12
R9

R6
φ17
2
φ10
φ7
1
17
17
38

技术要求
未注倒角为C1，未注圆角为R1。

| 9—下阀瓣 | 材料 | H80 |

24
M22×2
φ12
3×φ18
24
24
42
M22×2
φ12
2
φ18
φ36
M27×2
3×φ18
4
20
27
35
88

技术要求
未注倒角为C2。

| 7—阀体 | 材料 | 2A12 |

2
φ28
φ36

| 10—垫片2 | 材料 | 橡胶 |

2
φ21
φ28

| 10—垫片1 | 材料 | 橡胶 |

任务二十一　机　械　手

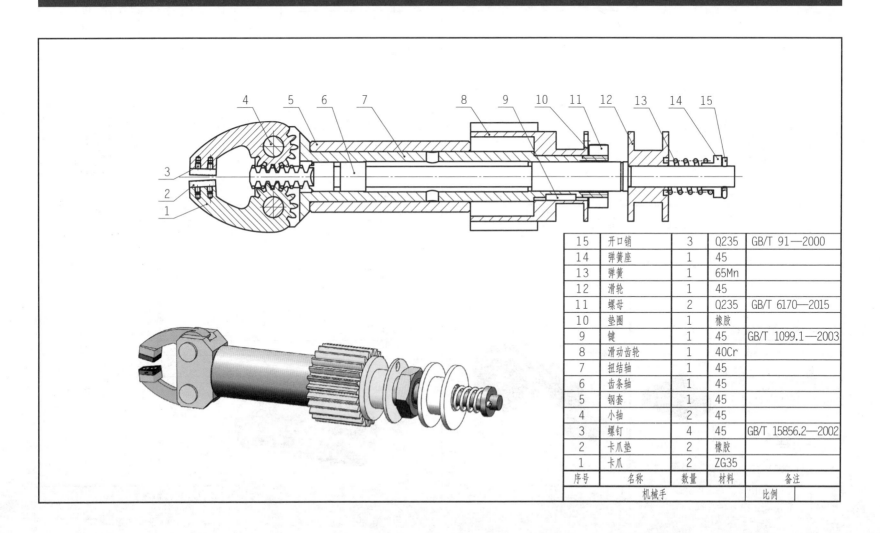

15	开口销	3	Q235	GB/T 91—2000
14	弹簧座	1	45	
13	弹簧	1	65Mn	
12	滑轮	1	45	
11	螺母	2	Q235	GB/T 6170—2015
10	垫圈	1	橡胶	
9	键	1	45	GB/T 1099.1—2003
8	滑动齿轮	1	40Cr	
7	扭结轴	1	45	
6	齿条轴	1	45	
5	钢套	1	45	
4	小轴	2	45	
3	螺钉	4	45	GB/T 15856.2—2002
2	卡爪垫	2	橡胶	
1	卡爪	2	ZG35	
序号	名称	数量	材料	备注
机械手			比例	

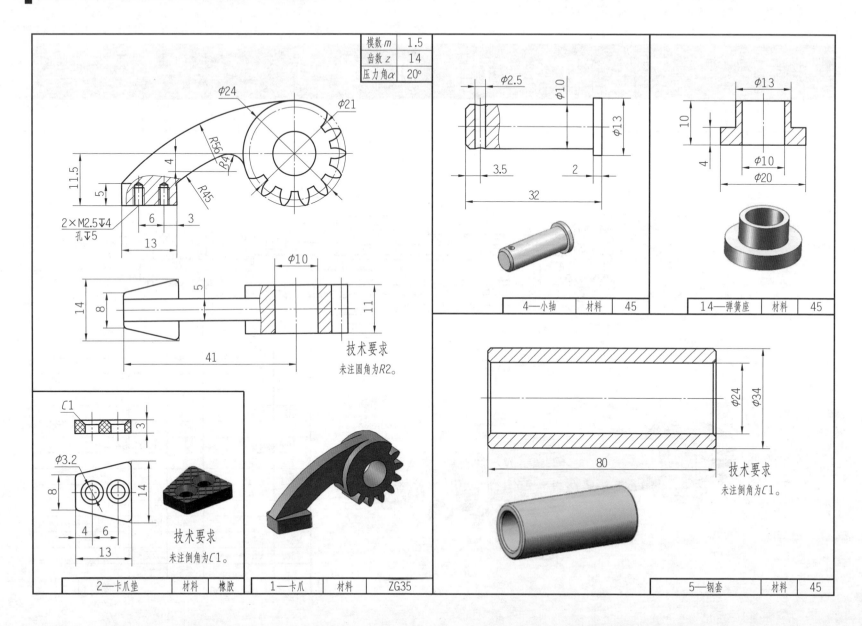

模数 m	1.5
齿数 z	14
压力角 α	20°

$\phi 24$
$\phi 21$
$R56$
$R45$
4
11.5
5
$2\times M2.5 \downarrow 4$
孔 $\downarrow 5$
6
3
13

$\phi 10$
5
14
8
11
41

技术要求
未注圆角为R2。

$\phi 2.5$
$\phi 10$
$\phi 13$
$\phi 13$
3.5
2
32

4—小轴	材料	45

$\phi 13$
10
$\phi 10$
4
$\phi 20$

14—弹簧座	材料	45

$\phi 24$
$\phi 34$
80

技术要求
未注倒角为C1。

C1
3
$\phi 3.2$
8
14
4
6
13

技术要求
未注倒角为C1。

2—卡爪垫	材料	橡胶

1—卡爪	材料	ZG35

5—钢套	材料	45

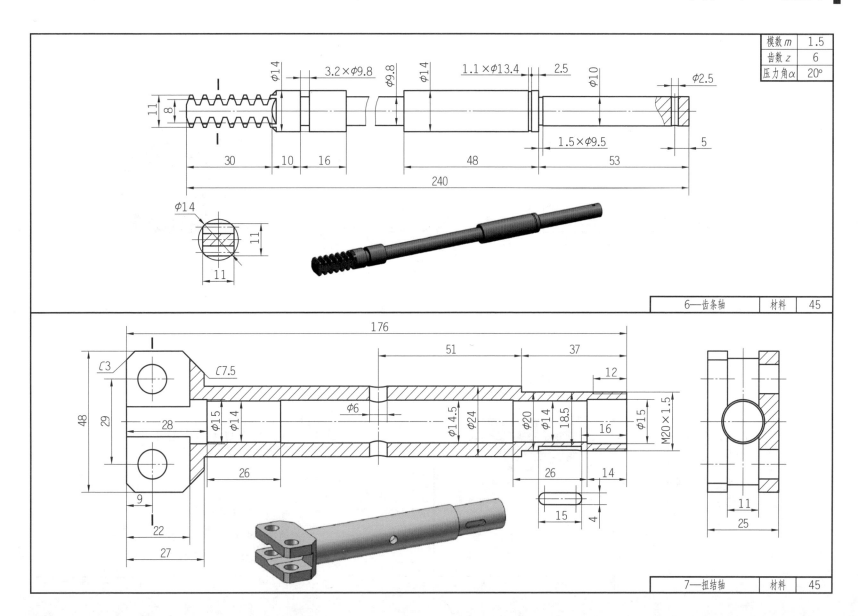

模数 m	1.5
齿数 z	6
压力角 α	20°

6—齿条轴　材料　45

7—扭结轴　材料　45

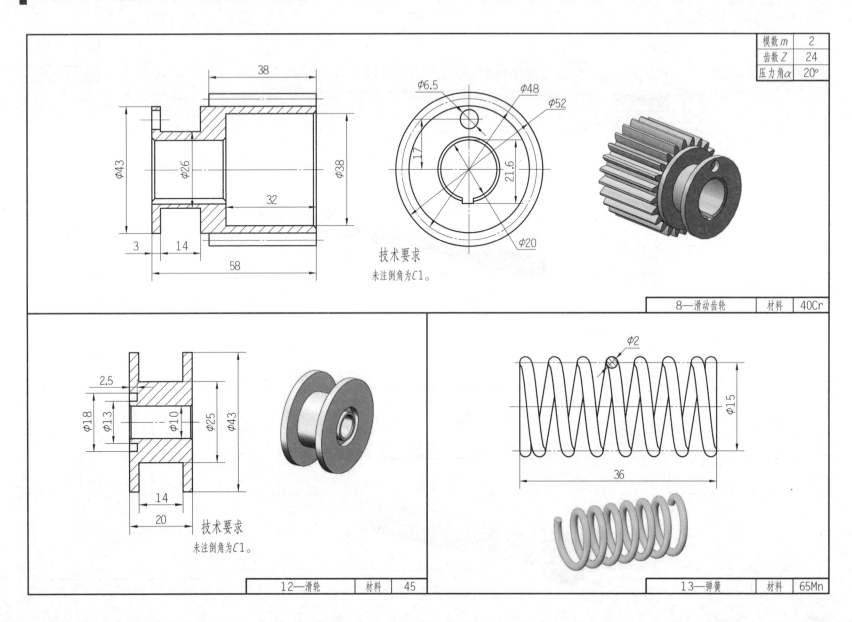

模数 m	2
齿数 Z	24
压力角 α	20°

技术要求

未注倒角为 $C1$。

8—滑动齿轮	材料	40Cr

技术要求

未注倒角为 $C1$。

12—滑轮	材料	45

13—弹簧	材料	65Mn

任务二十二　活塞式输油泵

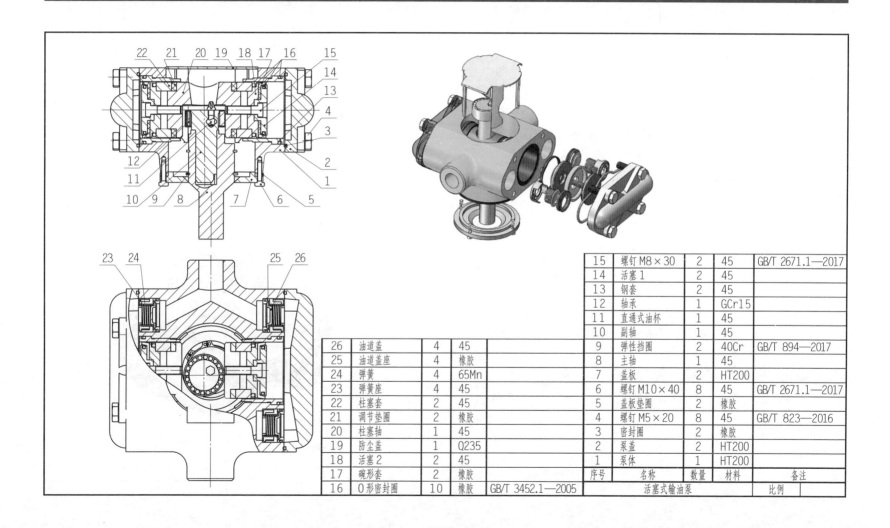

26	油道盖	4	45	
25	油道盖座	4	橡胶	
24	弹簧	4	65Mn	
23	弹簧座	4	45	
22	柱塞套	2	45	
21	调节垫圈	2	橡胶	
20	柱塞轴	1	45	
19	防尘盖	1	Q235	
18	活塞2	2	45	
17	碗形套	2	橡胶	
16	O形密封圈	10	橡胶	GB/T 3452.1—2005

15	螺钉M8×30	2	45	GB/T 2671.1—2017
14	活塞1	2	45	
13	钢套	2	45	
12	轴承	1	GCr15	
11	直通式油杯	1	45	
10	副轴	1	45	
9	弹性挡圈	2	40Cr	GB/T 894—2017
8	主轴	1	45	
7	盖板	2	HT200	
6	螺钉M10×40	8	45	GB/T 2671.1—2017
5	盖板垫圈	2	橡胶	
4	螺钉M5×20	8	45	GB/T 823—2016
3	密封圈	2	橡胶	
2	泵盖	2	HT200	
1	泵体	1	HT200	
序号	名称	数量	材料	备注
	活塞式输油泵			比例

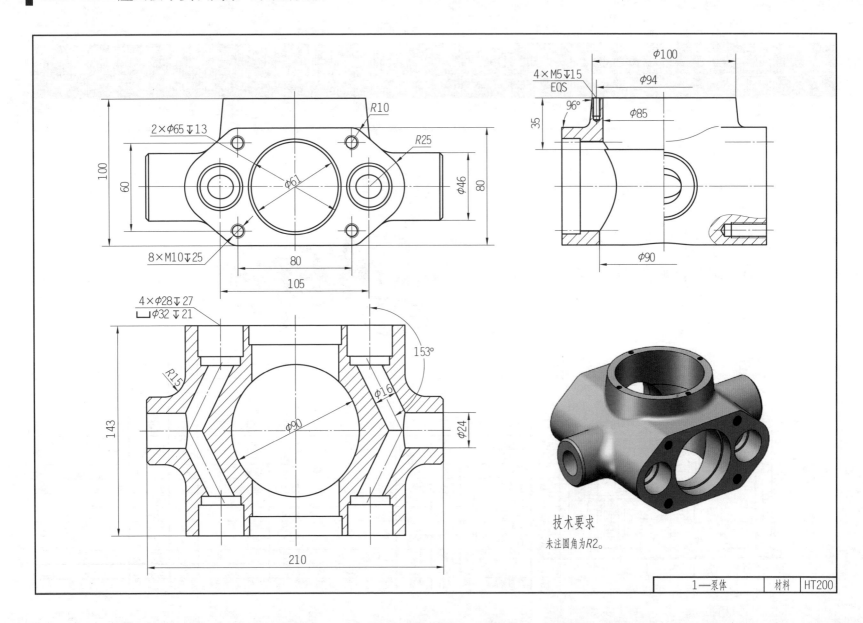

2×φ65↓13

R10

R25

100

60

φ61

φ46

80

8×M10↓25

80

105

4×φ28↓27

□φ32↓21

R15

153°

φ16

143

φ90

φ24

210

φ100

4×M5↓15

EQS

φ94

96°

φ85

35

φ90

技术要求

未注圆角为R2。

| | 1—泵体 | 材料 | HT200 |

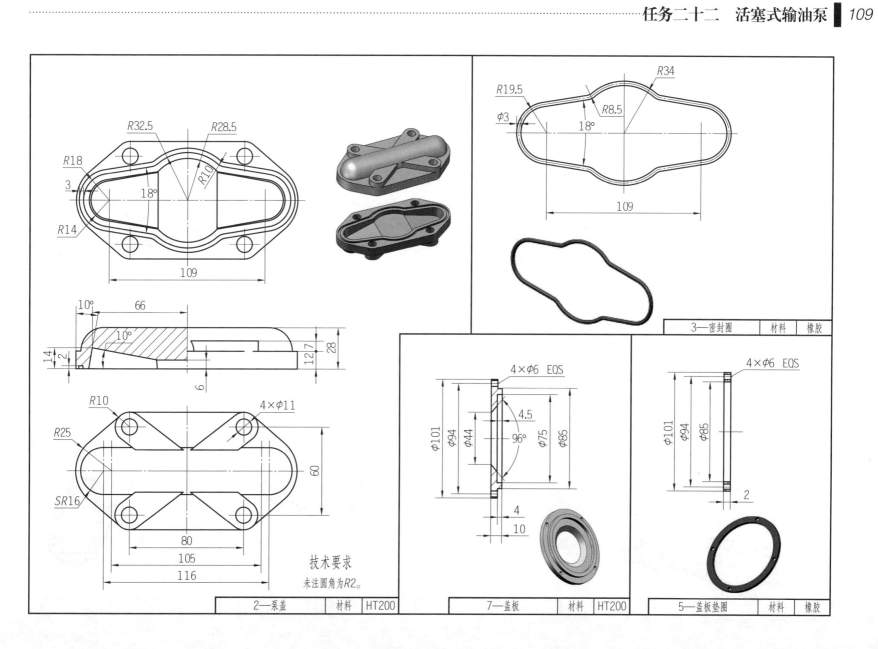

R32.5　R28.5　R18　R10　3　18°　R14　109

10°　66　10°　14　2　6　127　28

R10　4×φ11　R25　SR16　60　80　105　116

技术要求
未注圆角为R2。

| 2—泵盖 | 材料 | HT200 |

R19.5　R34　R8.5　φ3　18°　109

| 3—密封圈 | 材料 | 橡胶 |

4×φ6 EQS　φ101　φ94　φ44　4.5　96°　φ75　φ85　4　10

| 7—盖板 | 材料 | HT200 |

4×φ6 EQS　φ101　φ94　φ85　2

| 5—盖板垫圈 | 材料 | 橡胶 |

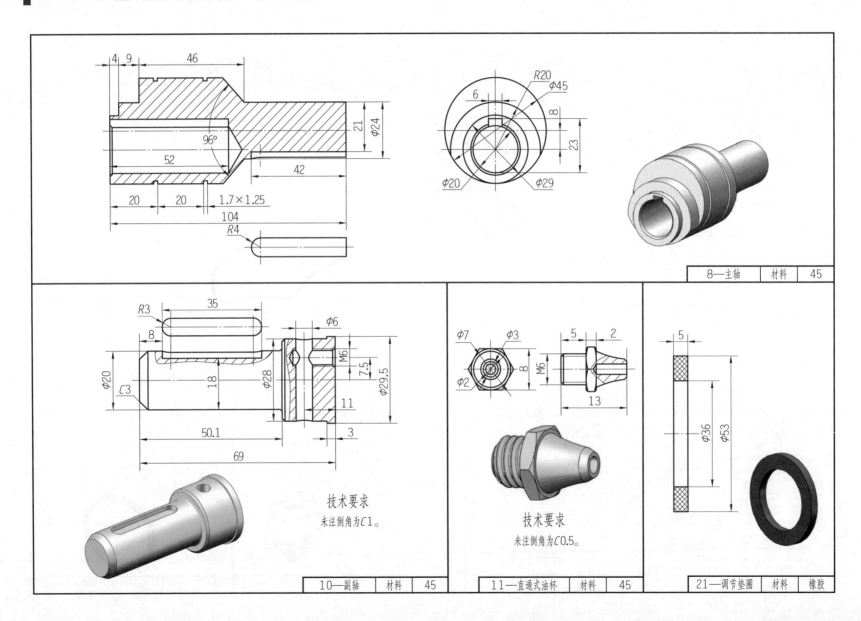

8—主轴	材料	45

技术要求

未注倒角为C1。

10—副轴	材料	45

技术要求

未注倒角为C0.5。

11—直通式油杯	材料	45

21—调节垫圈	材料	橡胶

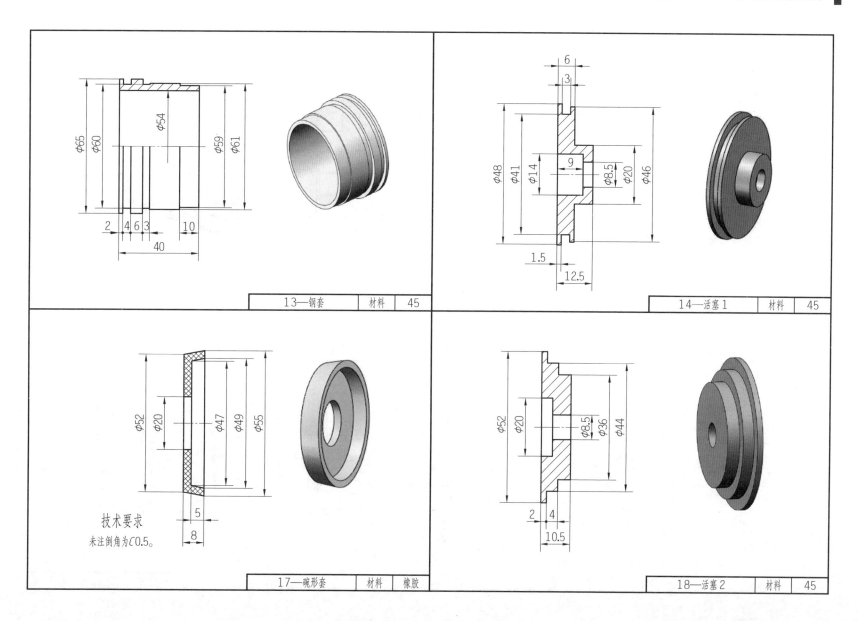

13—钢套	材料	45

14—活塞1	材料	45

技术要求

未注倒角为C0.5。

17—碗形套	材料	橡胶

18—活塞2	材料	45

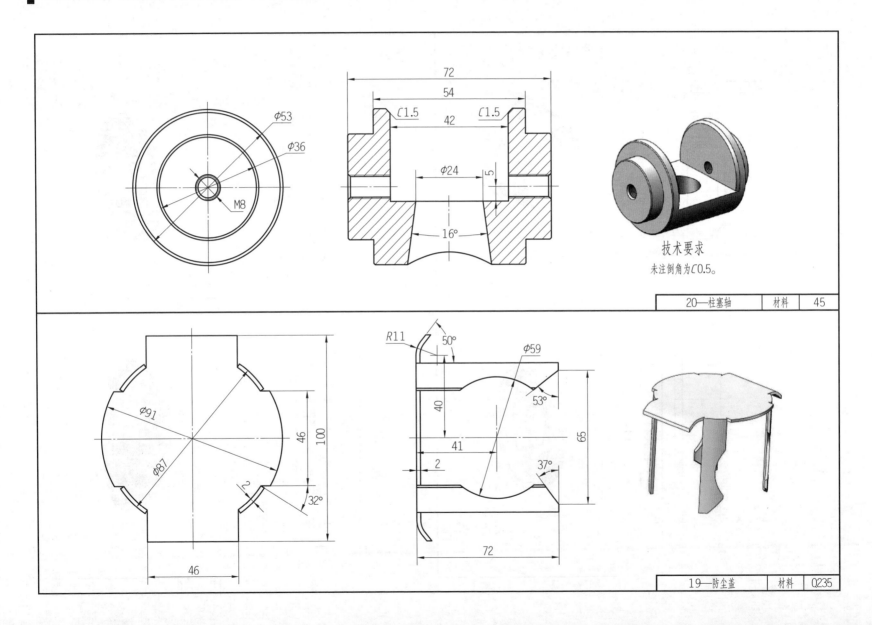

技术要求

未注倒角为C0.5。

20—柱塞轴	材料	45

19—防尘盖	材料	Q235

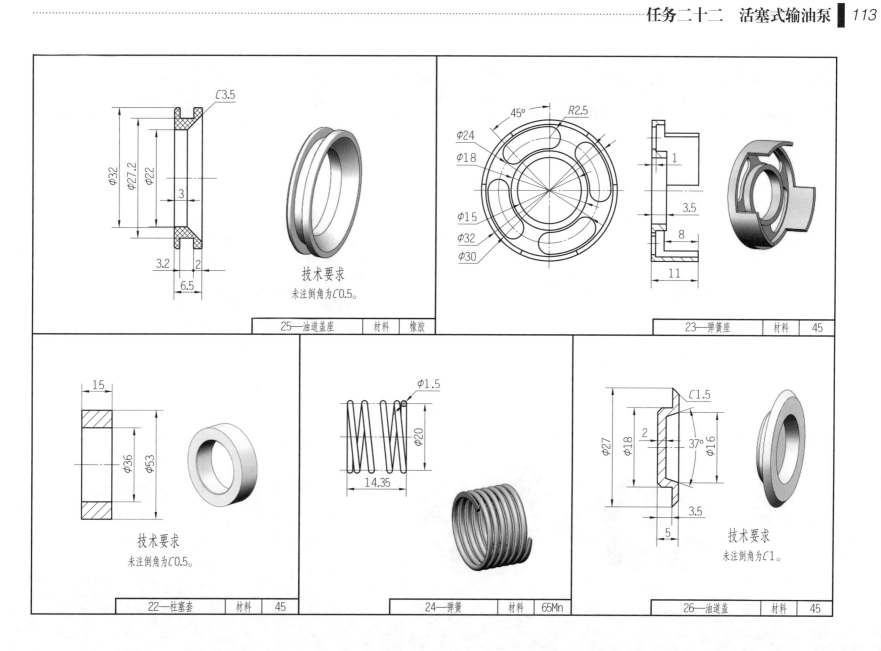

技术要求
未注倒角为 C0.5。

| 25—油道盖座 | 材料 | 橡胶 |

| 23—弹簧座 | 材料 | 45 |

技术要求
未注倒角为 C0.5。

| 22—柱塞套 | 材料 | 45 |

| 24—弹簧 | 材料 | 65Mn |

技术要求
未注倒角为 C1。

| 26—油道盖 | 材料 | 45 |

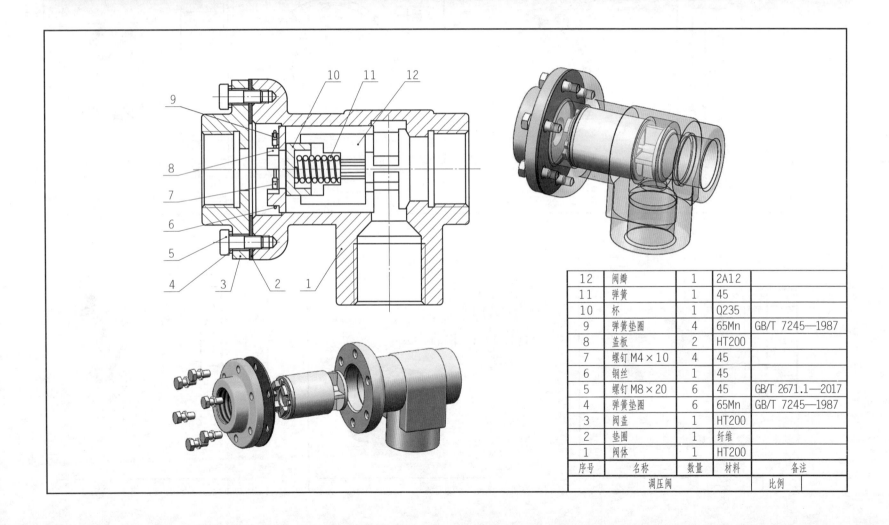

任务二十三 调 压 阀

序号	名称	数量	材料	备注
12	阀瓣	1	2A12	
11	弹簧	1	45	
10	杯	1	Q235	
9	弹簧垫圈	4	65Mn	GB/T 7245—1987
8	盖板	2	HT200	
7	螺钉 M4×10	4	45	
6	钢丝	1	45	
5	螺钉 M8×20	6	45	GB/T 2671.1—2017
4	弹簧垫圈	6	65Mn	GB/T 7245—1987
3	阀盖	1	HT200	
2	垫圈	1	纤维	
1	阀体	1	HT200	
调压阀			比例	

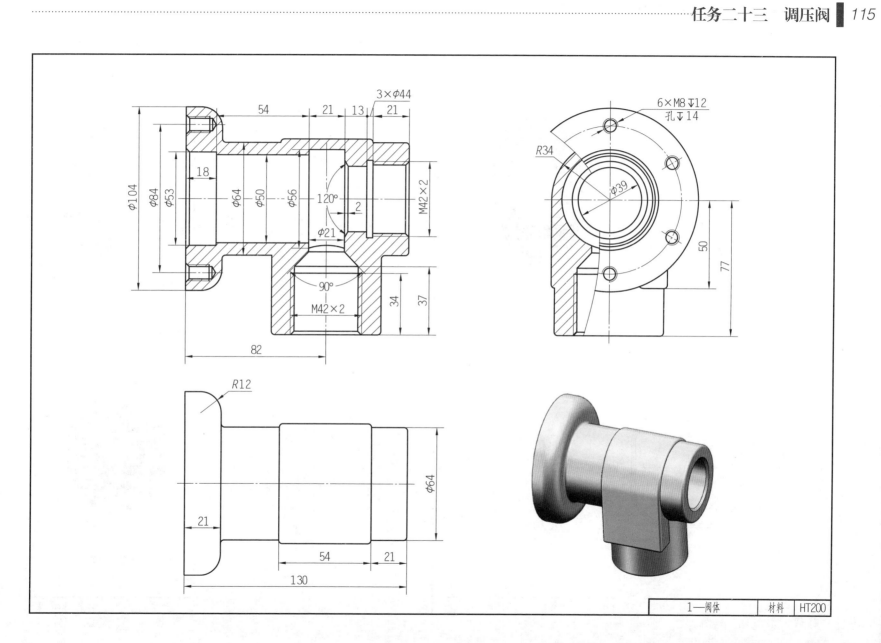

| 1—阀体 | 材料 | HT200 |

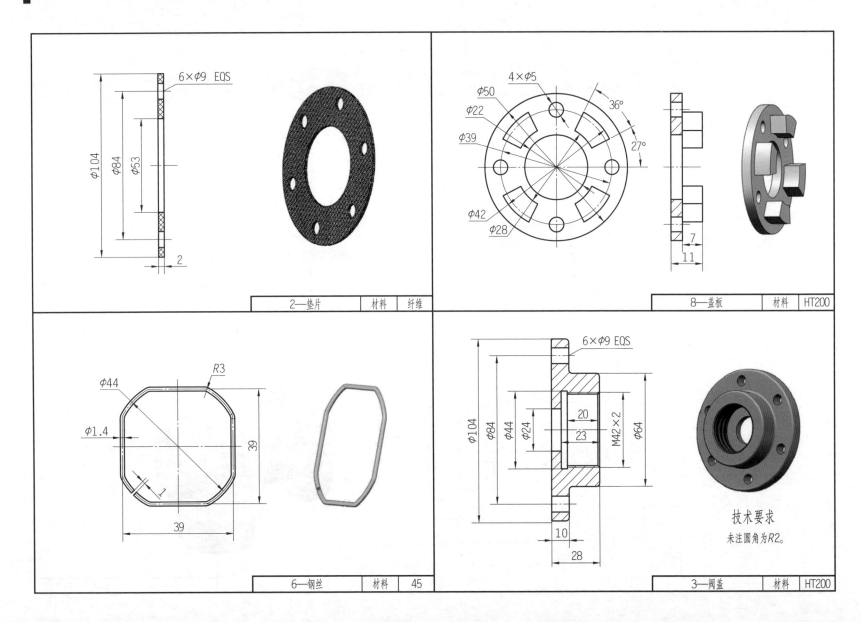

6×φ9 EQS

φ104
φ84
φ53

2

2—垫片　材料　纤维

4×φ5

φ50
φ22
φ39
36°
27°
φ42
φ28

7
11

8—盖板　材料　HT200

R3
φ44
φ1.4
39
1
39

6—钢丝　材料　45

6×φ9 EQS

φ104
φ84
φ44
φ24
20
M42×2
23
φ64

10
28

技术要求

未注圆角为R2。

3—阀盖　材料　HT200

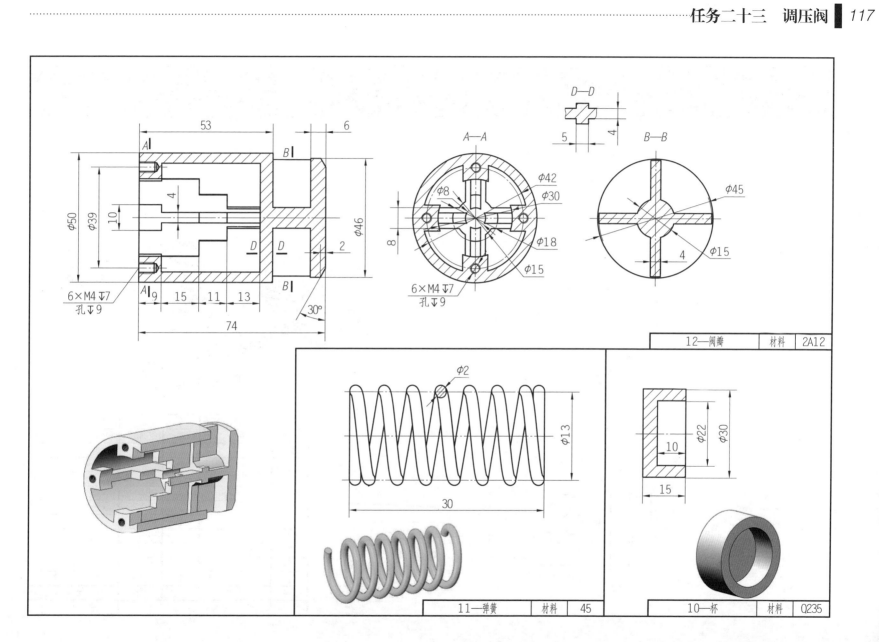

12—阀瓣	材料	2A12

11—弹簧	材料	45

10—杯	材料	Q235

任务二十四　球　　阀

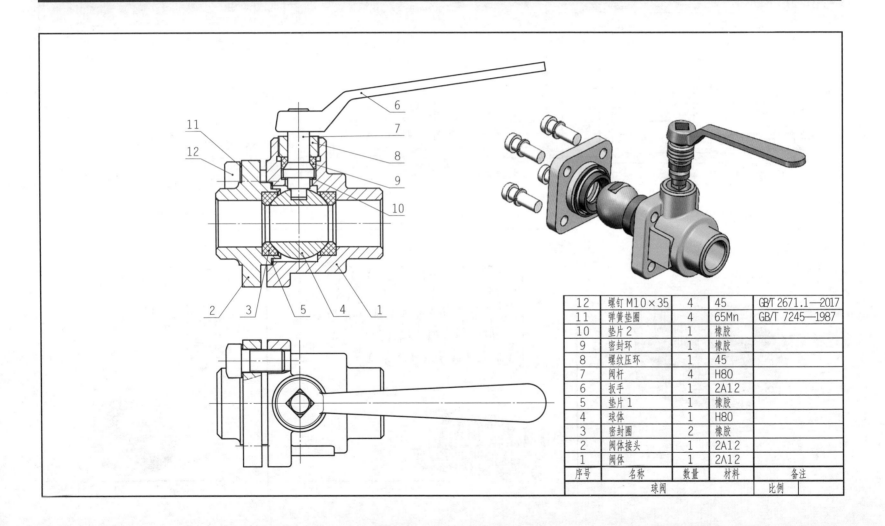

12	螺钉M10×35	4	45	GB/T 2671.1—2017
11	弹簧垫圈	4	65Mn	GB/T 7245—1987
10	垫片2	1	橡胶	
9	密封环	1	橡胶	
8	螺纹压环	1	45	
7	阀杆	4	H80	
6	扳手	1	2A12	
5	垫片1	1	橡胶	
4	球体	1	H80	
3	密封圈	2	橡胶	
2	阀体接头	1	2A12	
1	阀体	1	2A12	
序号	名称	数量	材料	备注
	球阀			比例

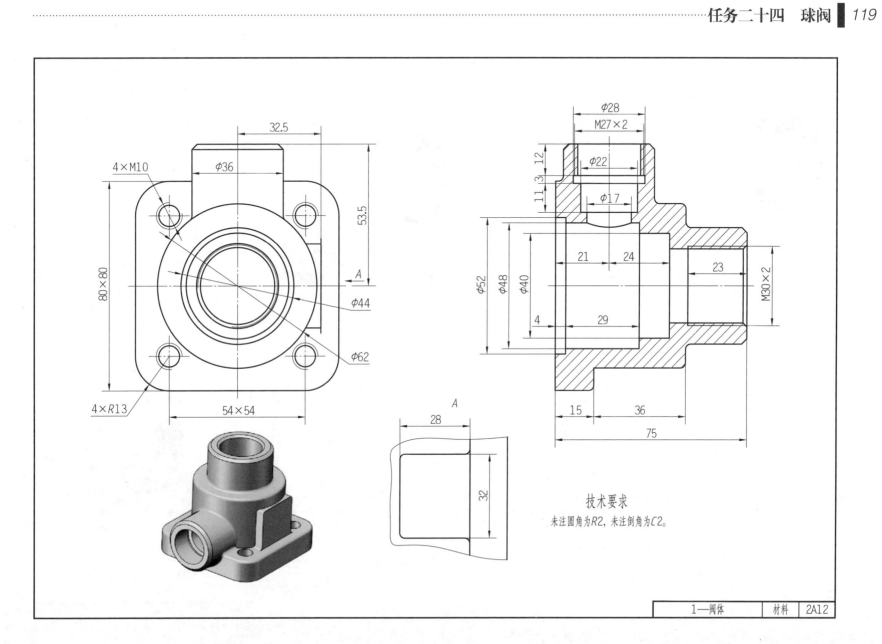

4×M10

32.5

φ36

53.5

80×80

A

φ44

4×R13

54×54

φ62

φ28

M27×2

12

11.3

φ22

φ17

φ52

φ48

φ40

21　　24

23

M30×2

4

29

15

36

75

A

28

32

技术要求

未注圆角为R2，未注倒角为C2。

1—阀体	材料	2A12

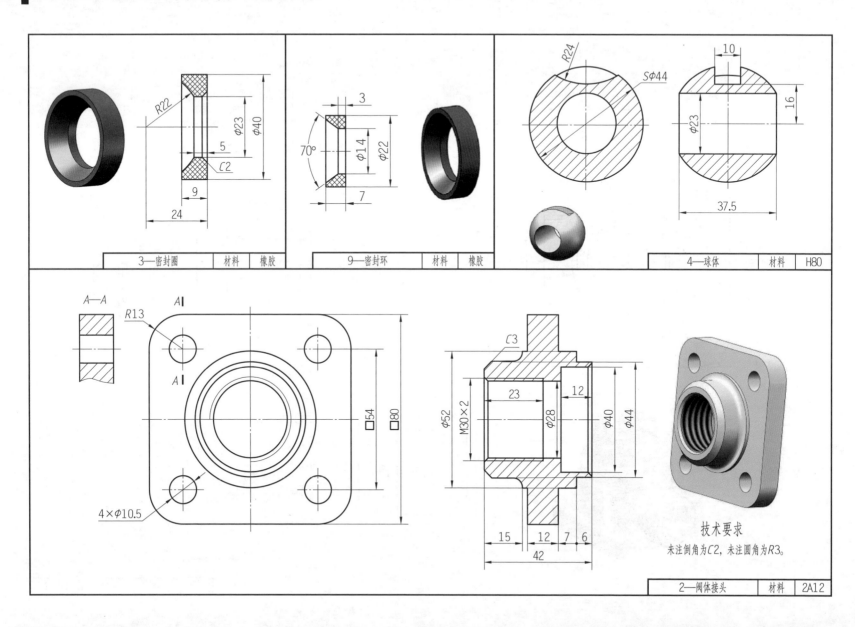

| | 3—密封圈 | 材料 | 橡胶 |

| | 9—密封环 | 材料 | 橡胶 |

| | 4—球体 | 材料 | H80 |

技术要求

未注倒角为C2，未注圆角为R3。

| | 2—阀体接头 | 材料 | 2A12 |

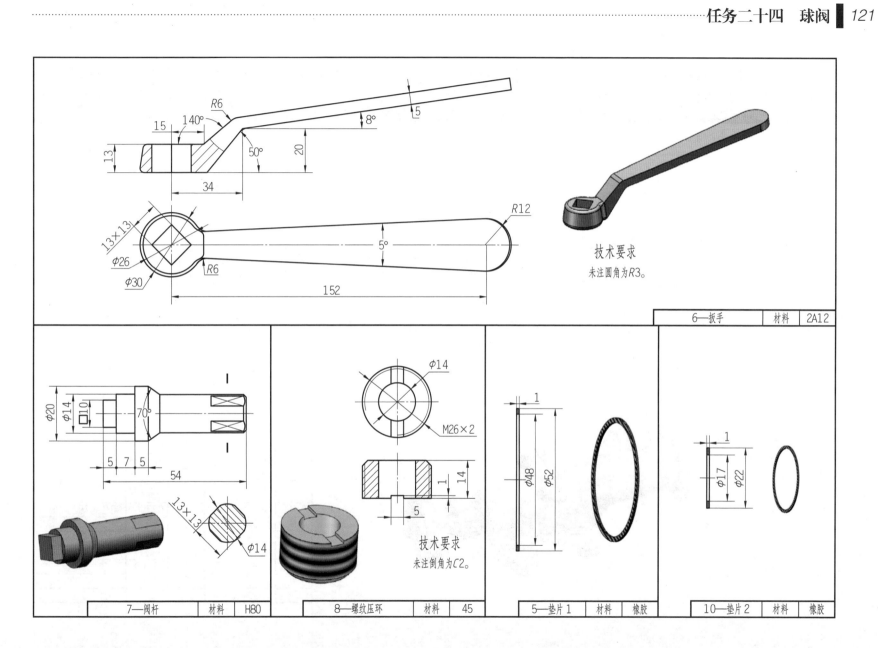

技术要求

未注圆角为R3。

技术要求

未注倒角为C2。

6—扳手	材料	2A12

7—阀杆	材料	H80

8—螺纹压环	材料	45

5—垫片1	材料	橡胶

10—垫片2	材料	橡胶

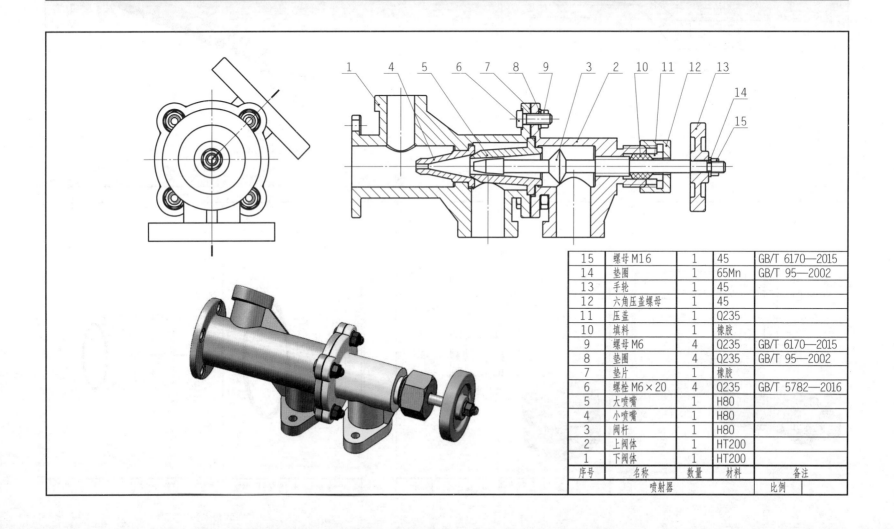

任务二十五　喷　射　器

序号	名称	数量	材料	备注
15	螺母 M16	1	45	GB/T 6170—2015
14	垫圈	1	65Mn	GB/T 95—2002
13	手轮	1	45	
12	六角压盖螺母	1	45	
11	压盖	1	Q235	
10	填料	1	橡胶	
9	螺母 M6	4	Q235	GB/T 6170—2015
8	垫圈	4	Q235	GB/T 95—2002
7	垫片	1	橡胶	
6	螺栓 M6×20	4	Q235	GB/T 5782—2016
5	大喷嘴	1	H80	
4	小喷嘴	1	H80	
3	阀杆	1	H80	
2	上阀体	1	HT200	
1	下阀体	1	HT200	
喷射器			比例	

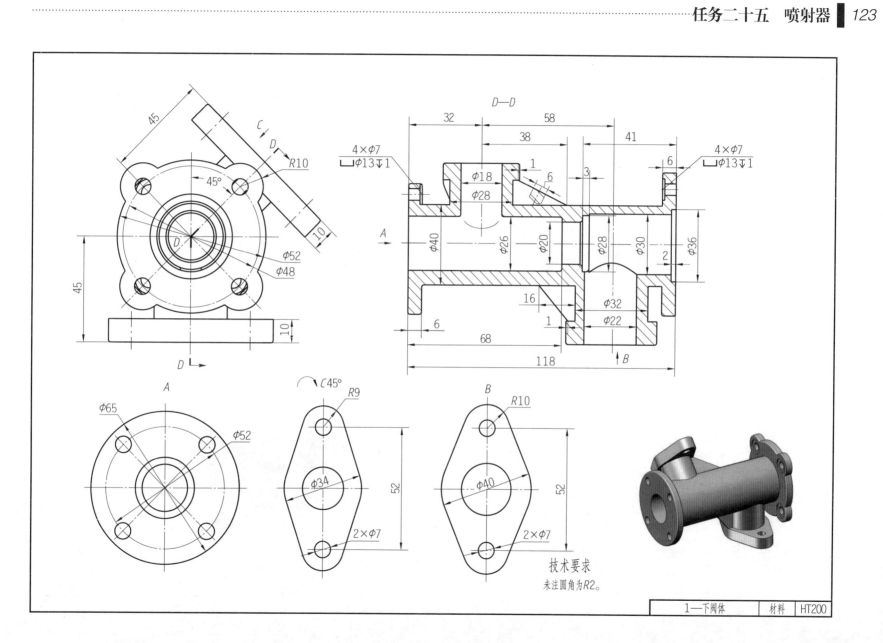

技术要求
未注圆角为R2。

| 1—下阀体 | 材料 | HT200 |

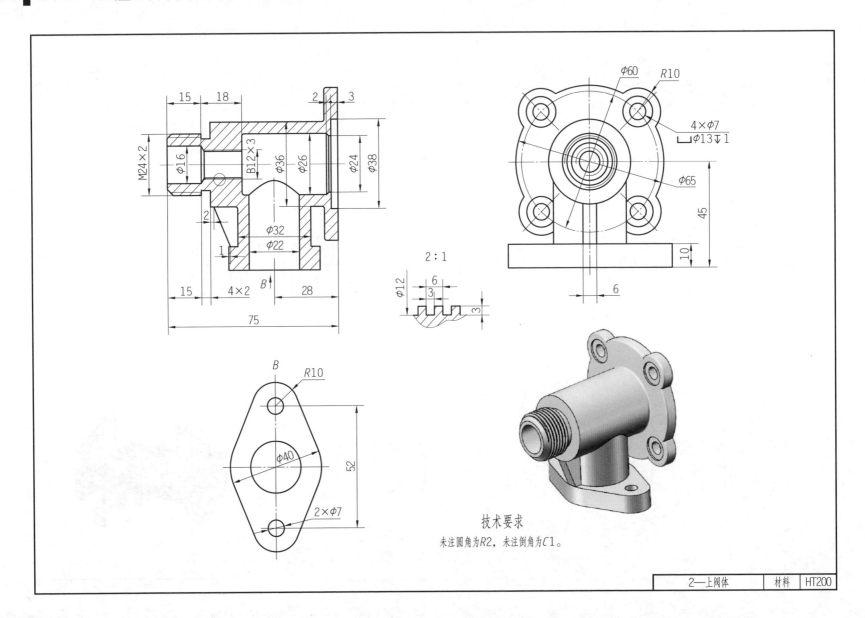

2:1

技术要求

未注圆角为R2，未注倒角为C1。

| | 2—上阀体 | 材料 | HT200 |

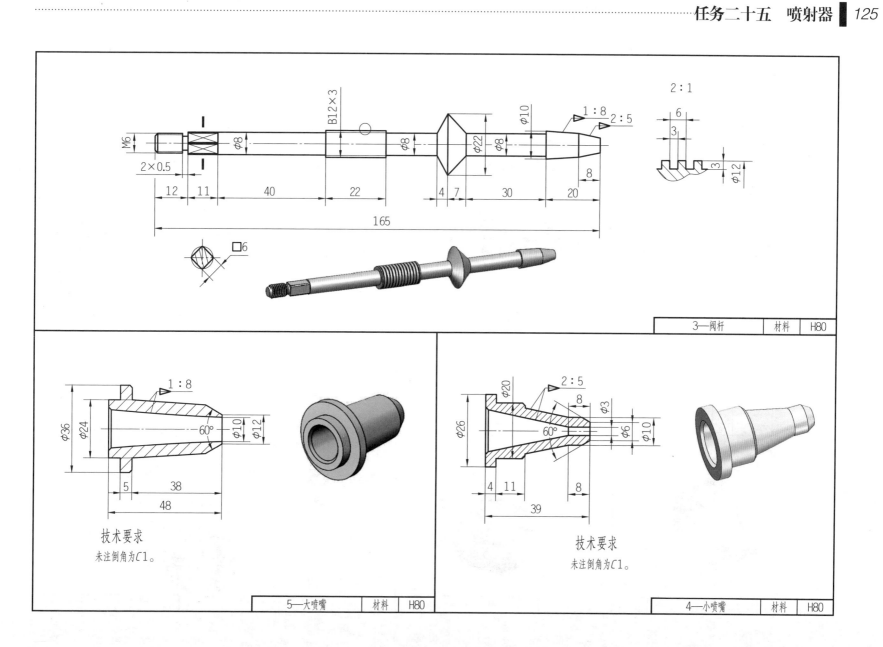

3—阀杆　材料　H80

技术要求
未注倒角为C1。

5—大喷嘴　材料　H80

技术要求
未注倒角为C1。

4—小喷嘴　材料　H80

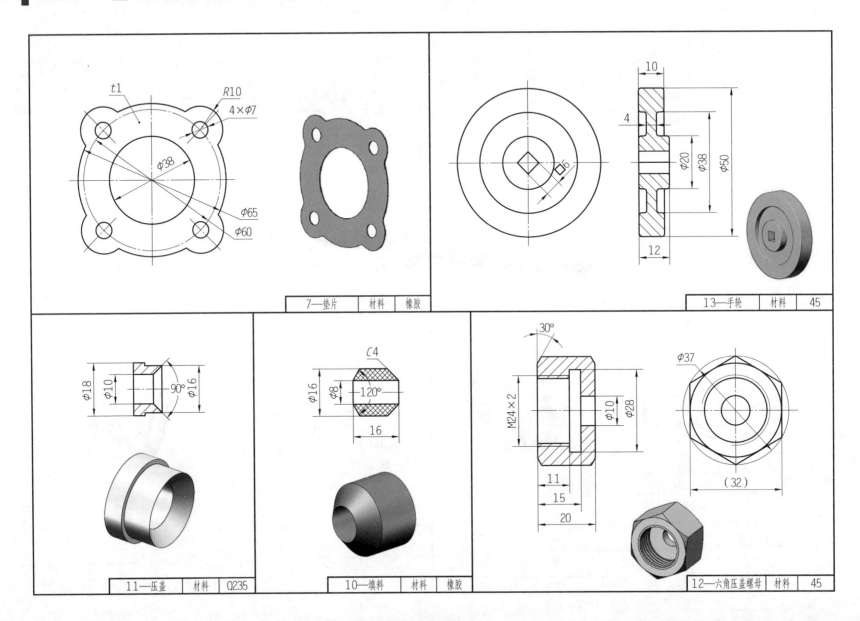

7—垫片	材料	橡胶	

13—手轮	材料	45	

11—压盖	材料	Q235	

10—填料	材料	橡胶	

12—六角压盖螺母	材料	45	

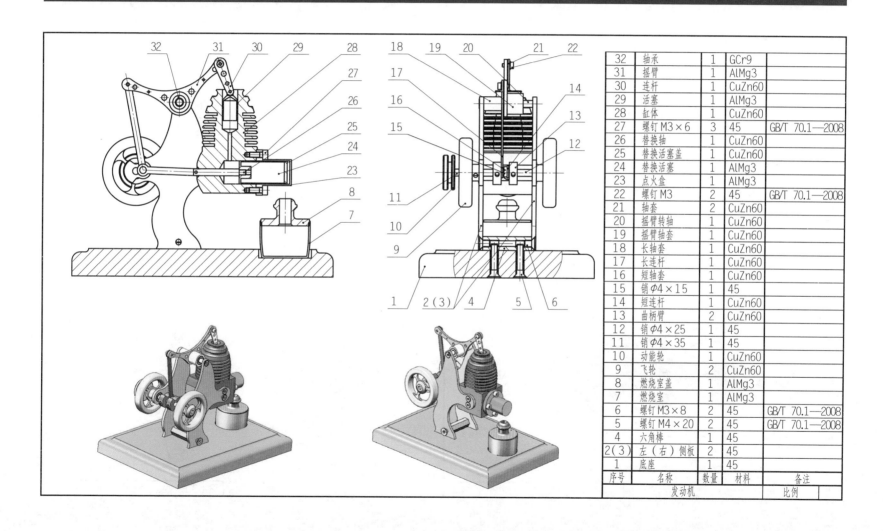

序号	名称	数量	材料	备注
32	轴承	1	GCr9	
31	摇臂	1	AlMg3	
30	连杆	1	CuZn60	
29	活塞	1	AlMg3	
28	缸体	1	CuZn60	
27	螺钉 M3×6	3	45	GB/T 70.1—2008
26	替换轴	1	CuZn60	
25	替换活塞盖	1	CuZn60	
24	替换活塞	1	AlMg3	
23	点火盒	1	AlMg3	
22	螺钉 M3	2	45	GB/T 70.1—2008
21	轴套	2	CuZn60	
20	摇臂转轴	1	CuZn60	
19	摇臂轴套	1	CuZn60	
18	长轴套	1	CuZn60	
17	长连杆	1	CuZn60	
16	短轴套	1	CuZn60	
15	销 φ4×15	1	45	
14	短连杆	1	CuZn60	
13	曲柄臂	2	CuZn60	
12	销 φ4×25	1	45	
11	销 φ4×35	1	45	
10	动能轮	1	CuZn60	
9	飞轮	2	CuZn60	
8	燃烧室盖	1	AlMg3	
7	燃烧室	1	AlMg3	
6	螺钉 M3×8	2	45	GB/T 70.1—2008
5	螺钉 M4×20	2	45	GB/T 70.1—2008
4	六角棒	1	45	
2（3）	左（右）侧板	2	45	
1	底座	1	45	
序号	名称	数量	材料	备注
	发动机		比例	

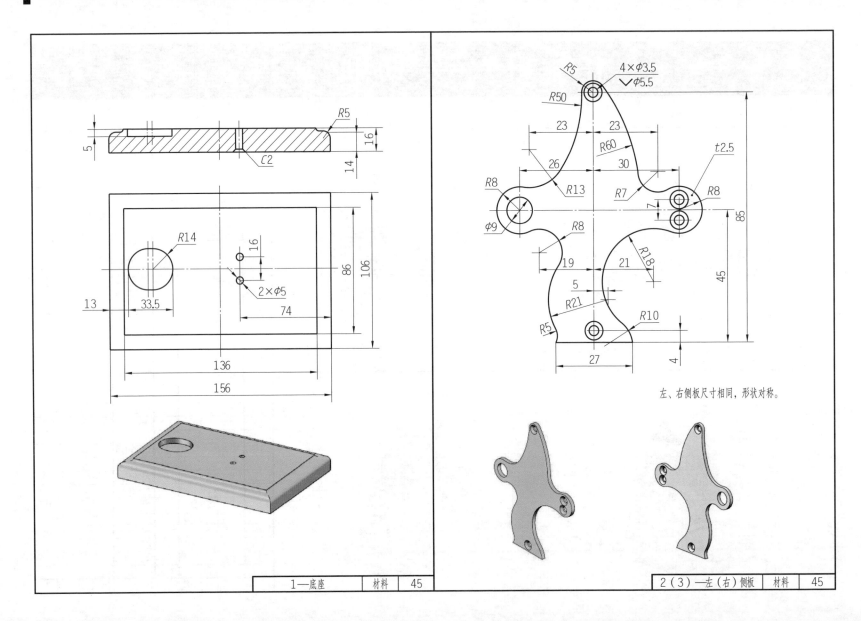

1—底座	材料	45

左、右侧板尺寸相同，形状对称。

2（3）—左（右）侧板	材料	45

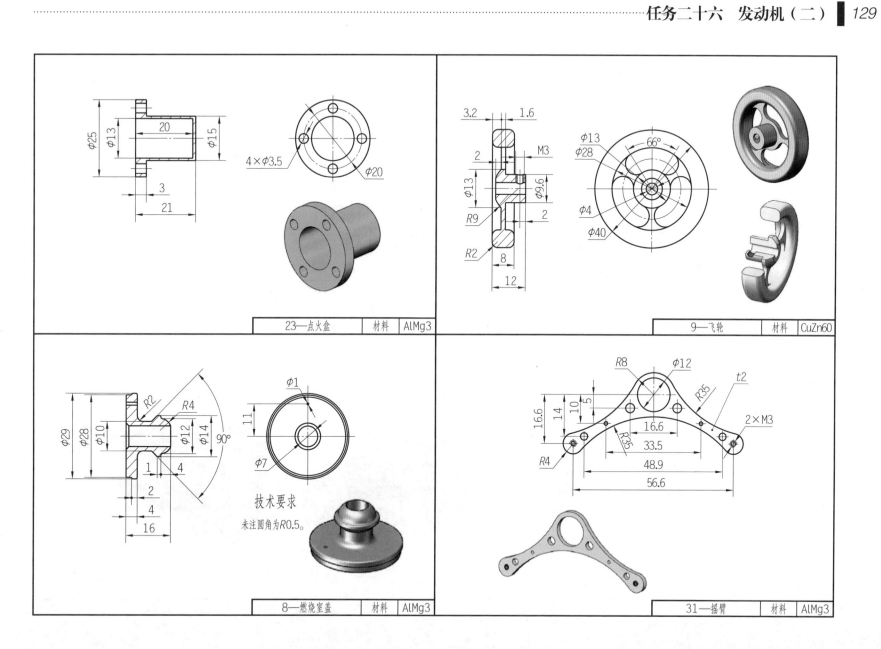

| 23—点火盒 | 材料 | AlMg3 |

| 9—飞轮 | 材料 | CuZn60 |

技术要求

未注圆角为R0.5。

| 8—燃烧室盖 | 材料 | AlMg3 |

| 31—摇臂 | 材料 | AlMg3 |

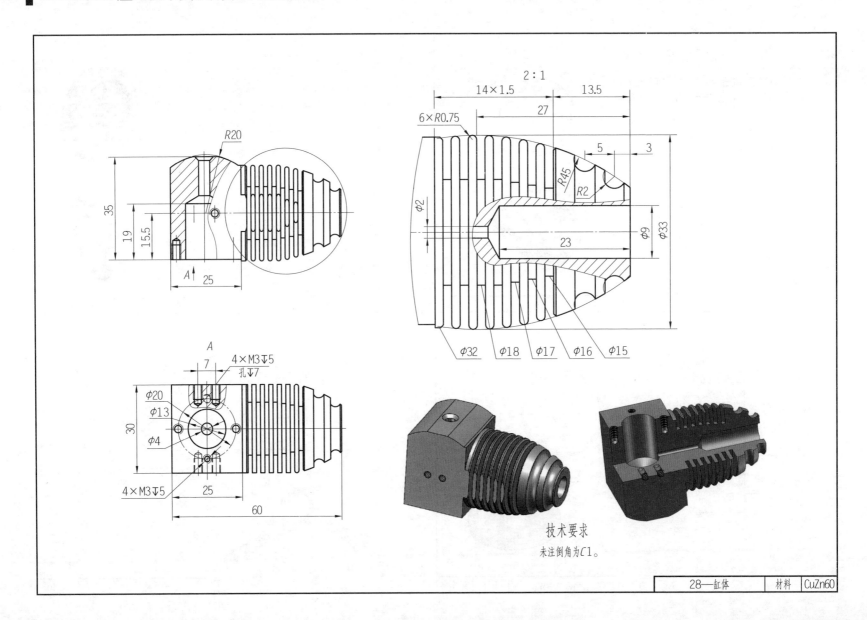

2:1

技术要求

未注倒角为C1。

| 28—缸体 | 材料 | CuZn60 |

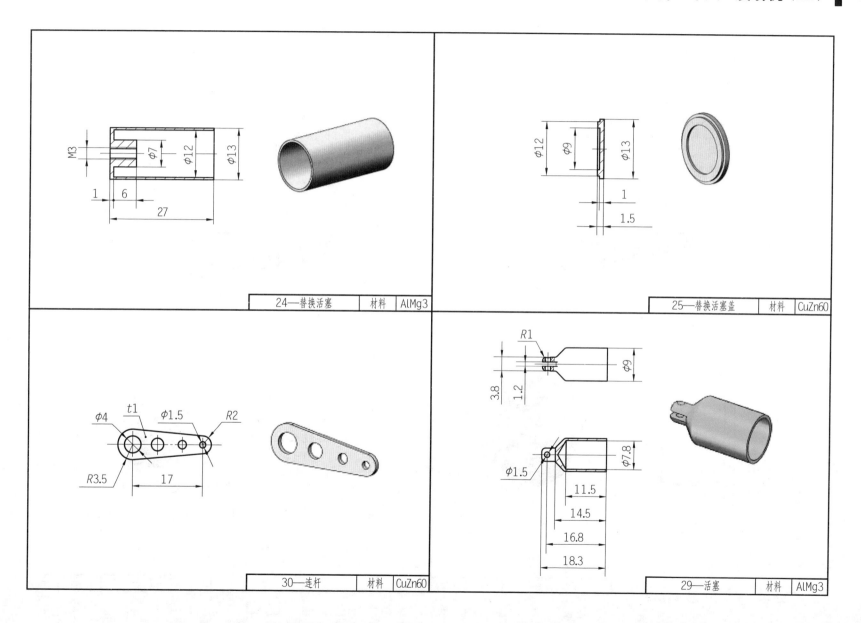

| | 24—替换活塞 | 材料 | AlMg3 |

| | 25—替换活塞盖 | 材料 | CuZn60 |

| | 30—连杆 | 材料 | CuZn60 |

| | 29—活塞 | 材料 | AlMg3 |

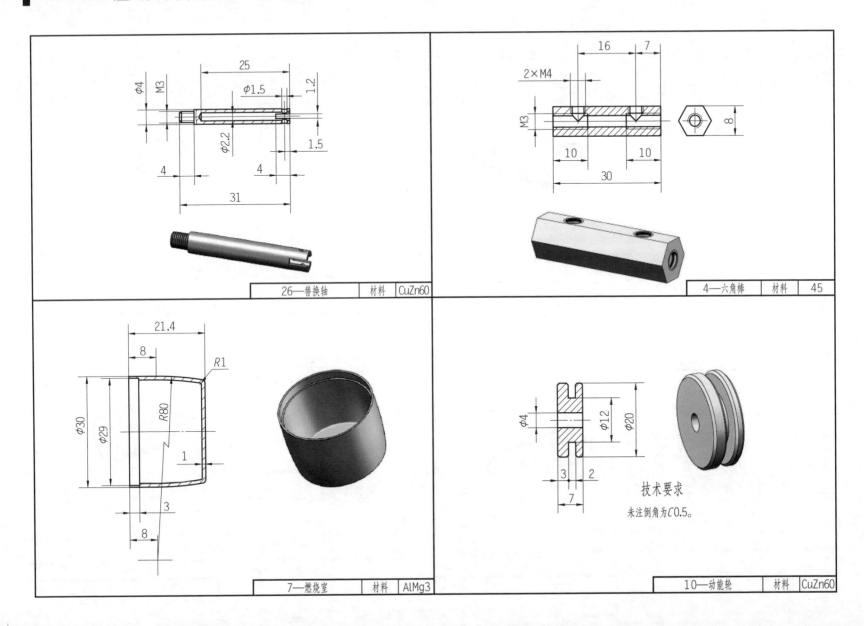

26—替换轴	材料	CuZn60

4—六角棒	材料	45

7—燃烧室	材料	AlMg3

技术要求

未注倒角为C0.5。

10—动能轮	材料	CuZn60

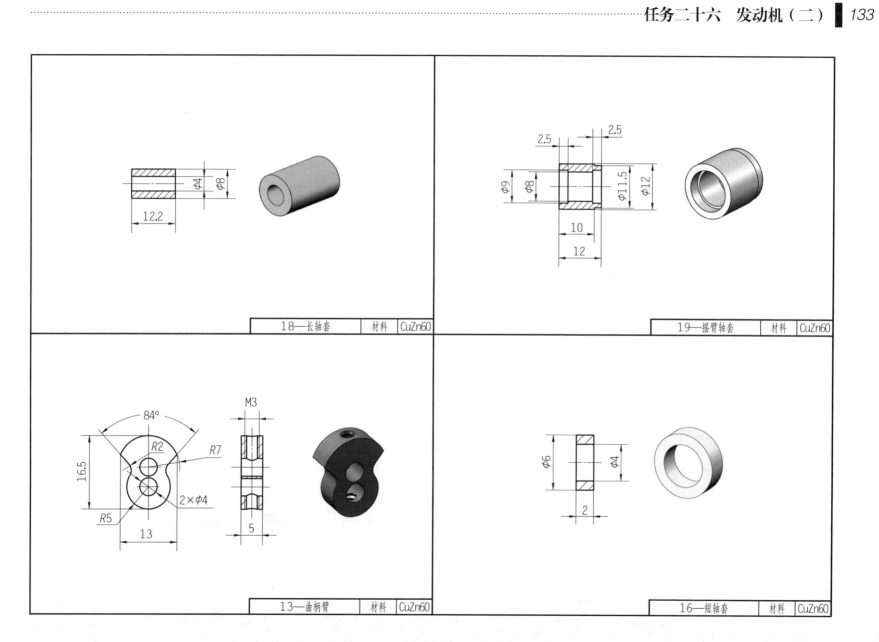

18—长轴套　材料　CuZn60

19—摇臂轴套　材料　CuZn60

13—曲柄臂　材料　CuZn60

16—短轴套　材料　CuZn60

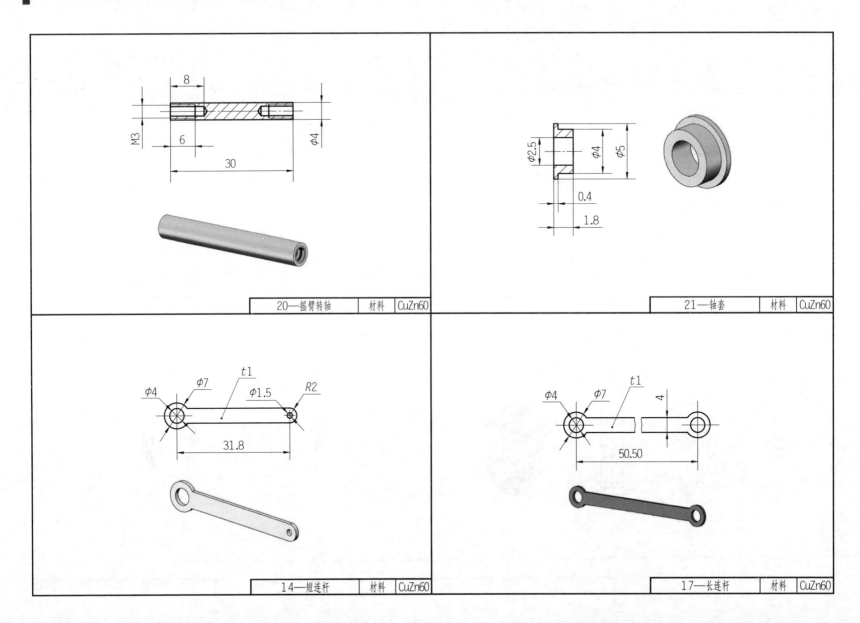

20—摇臂转轴	材料	CuZn60
21—轴套	材料	CuZn60
14—短连杆	材料	CuZn60
17—长连杆	材料	CuZn60

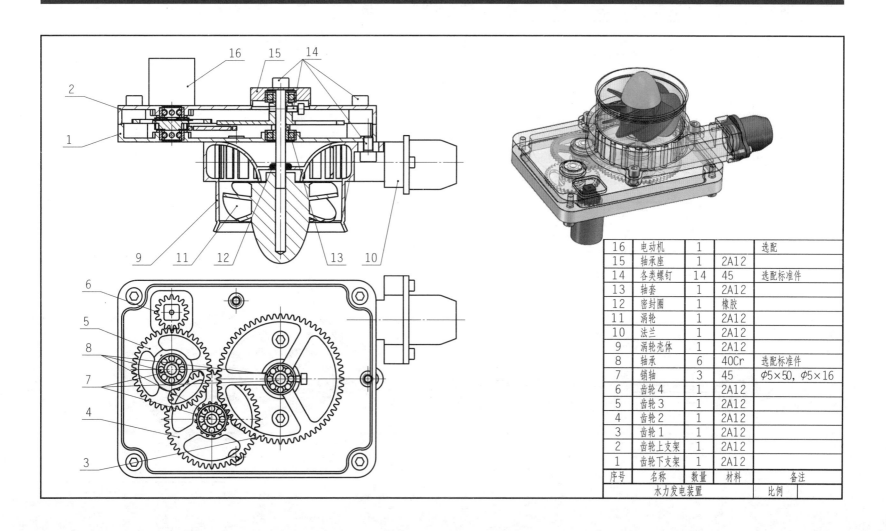

16	电动机	1		选配
15	轴承座	1	2A12	
14	各类螺钉	14	45	选配标准件
13	轴套	1	2A12	
12	密封圈	1	橡胶	
11	涡轮	1	2A12	
10	法兰	1	2A12	
9	涡轮壳体	1	2A12	
8	轴承	6	40Cr	选配标准件
7	销轴	3	45	$\phi5\times50$, $\phi5\times16$
6	齿轮4	1	2A12	
5	齿轮3	1	2A12	
4	齿轮2	1	2A12	
3	齿轮1	1	2A12	
2	齿轮上支架	1	2A12	
1	齿轮下支架	1	2A12	
序号	名称	数量	材料	备注
水力发电装置			比例	

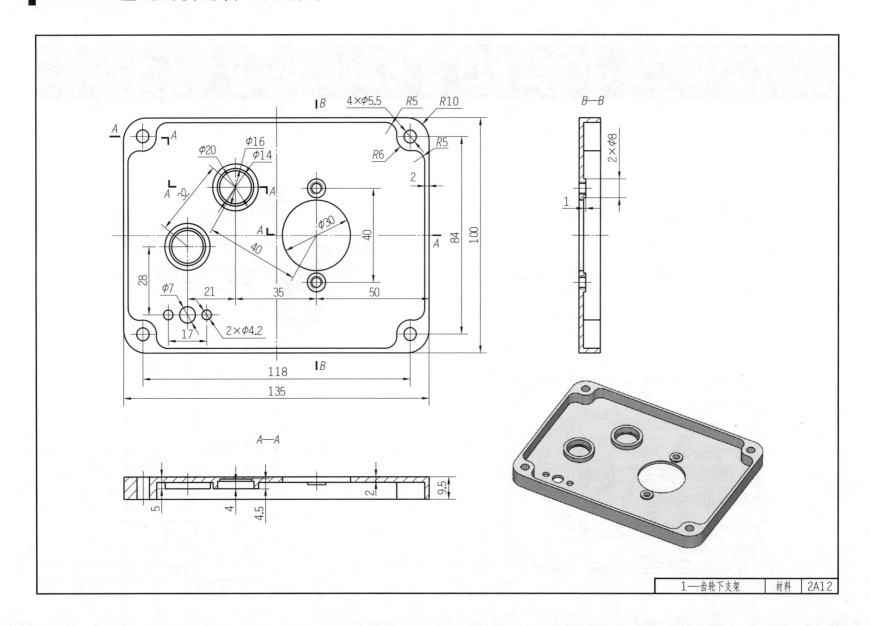

| 1—齿轮下支架 | 材料 | 2A12 |

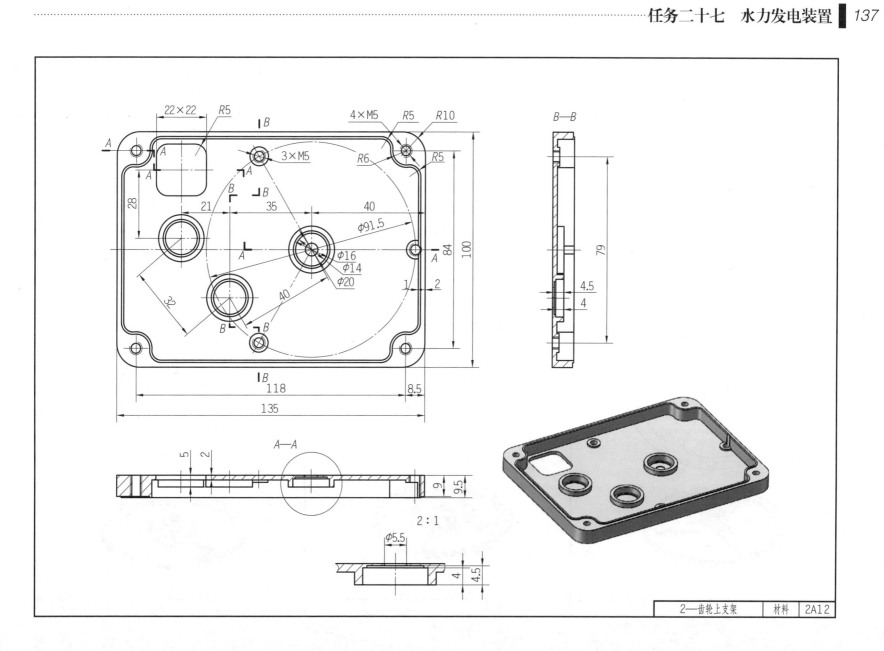

2—齿轮上支架 | 材料 | 2A12

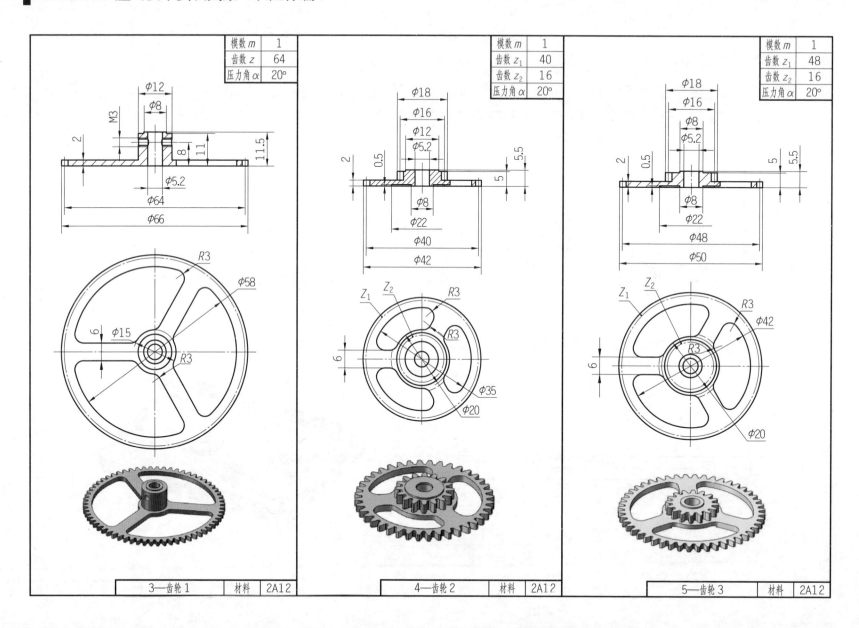

模数 m	1
齿数 z	64
压力角 α	20°

模数 m	1
齿数 z_1	40
齿数 z_2	16
压力角 α	20°

模数 m	1
齿数 z_1	48
齿数 z_2	16
压力角 α	20°

3—齿轮1	材料	2A12

4—齿轮2	材料	2A12

5—齿轮3	材料	2A12

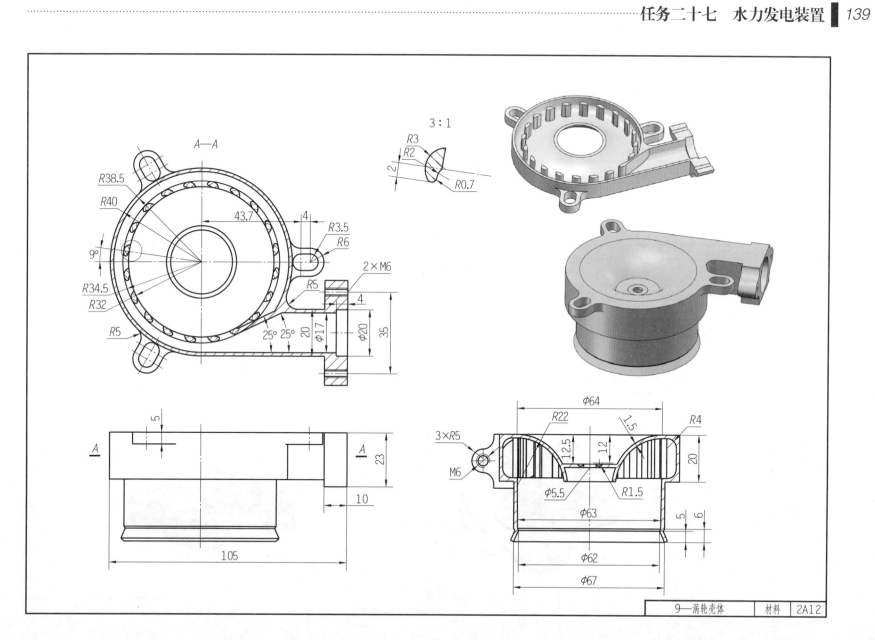

A—A

R38.5
R40
9°
R34.5
R32
R5
43.7
4
R3.5
R6
2×M6
R5
25° 25°
20
φ17
φ20
35
4

3:1
R3
R2
2
R0.7

5
A
A
23
10
105

φ64
R22
1.5
R4
3×R5
12.5
12
20
M6
φ5.5
R1.5
φ63
5
6
φ62
φ67

9—涡轮壳体 | 材料 | 2A12

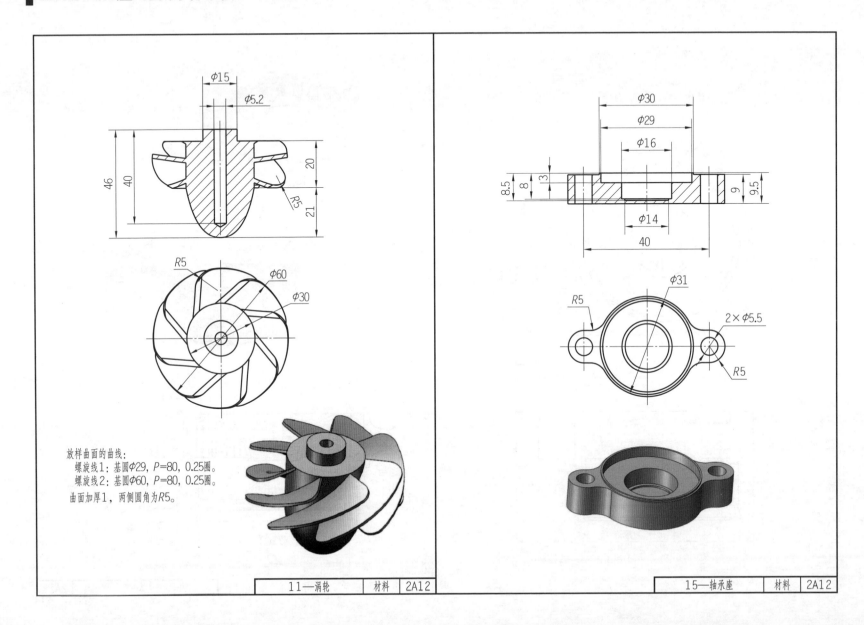

放样曲面的曲线：
　螺旋线1：基圆φ29，*P*=80，0.25圈。
　螺旋线2：基圆φ60，*P*=80，0.25圈。
曲面加厚1，两侧圆角为*R*5。

11—涡轮	材料	2A12

15—轴承座	材料	2A12

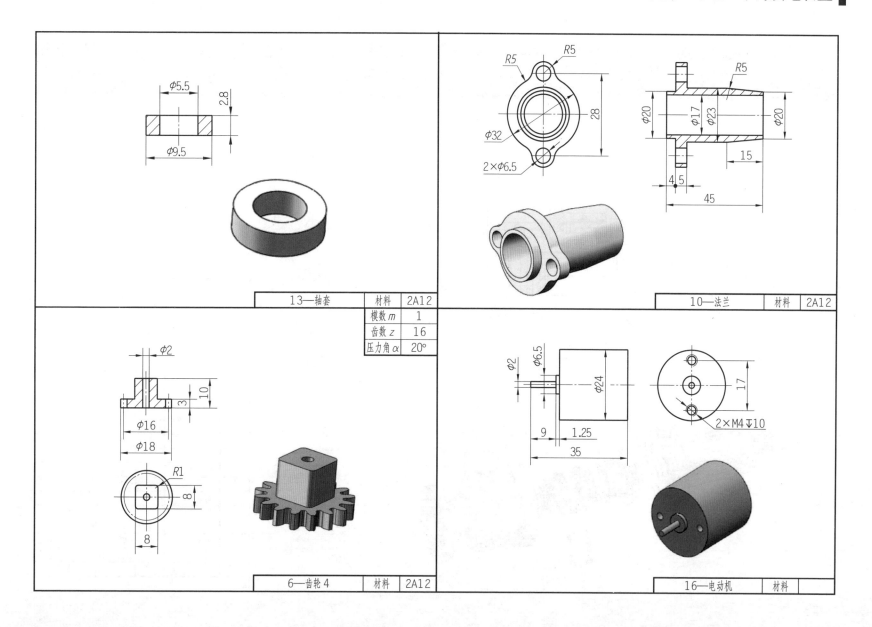

13—轴套	材料	2A12

10—法兰	材料	2A12

模数 m	1
齿数 z	16
压力角 α	20°

6—齿轮4	材料	2A12

16—电动机	材料	

任务二十八 安 全 阀

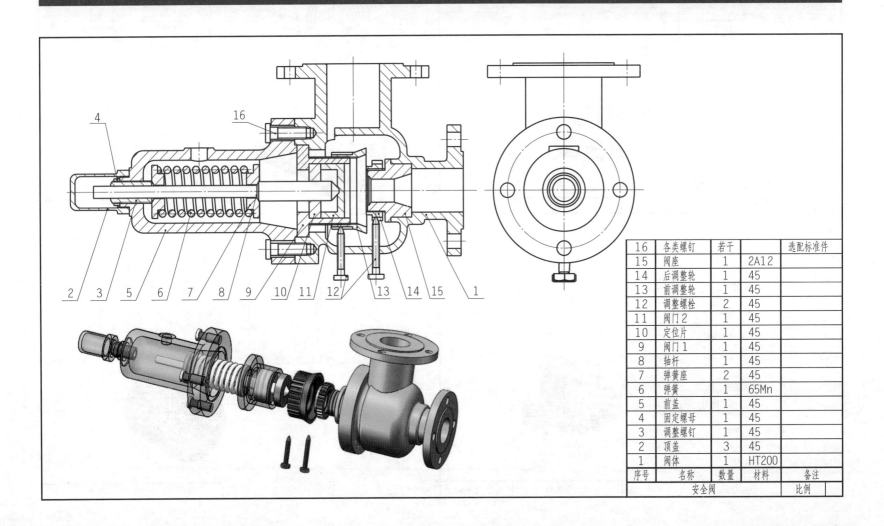

16	各类螺钉	若干		选配标准件
15	阀座	1	2A12	
14	后调整轮	1	45	
13	前调整轮	1	45	
12	调整螺栓	2	45	
11	阀门2	1	45	
10	定位片	1	45	
9	阀门1	1	45	
8	轴杆	1	45	
7	弹簧座	2	45	
6	弹簧	1	65Mn	
5	前盖	1	45	
4	固定螺母	1	45	
3	调整螺钉	1	45	
2	顶盖	3	45	
1	阀体	1	HT200	
序号	名称	数量	材料	备注
	安全阀			比例

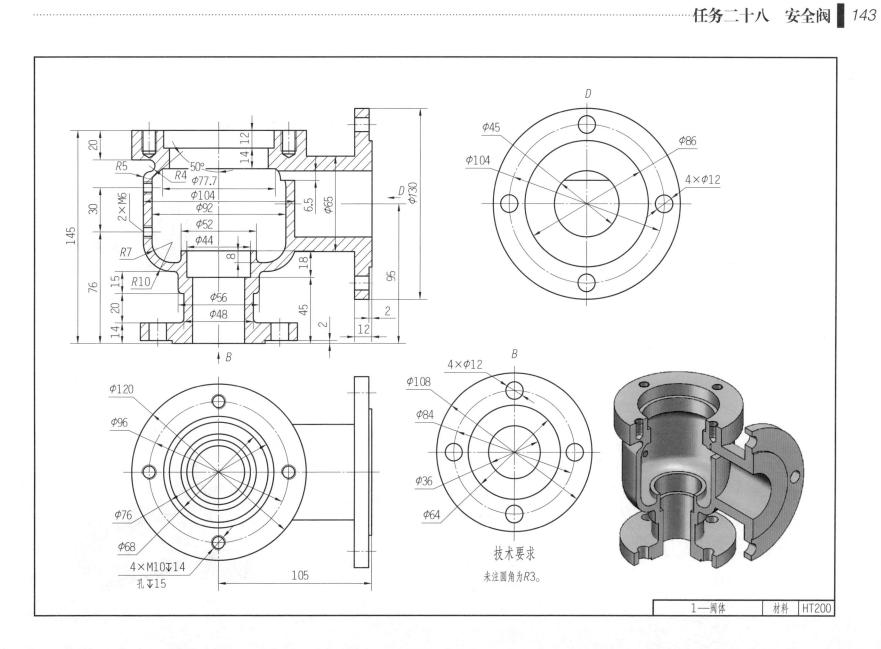

技术要求

未注圆角为R3。

| 1—阀体 | 材料 | HT200 |

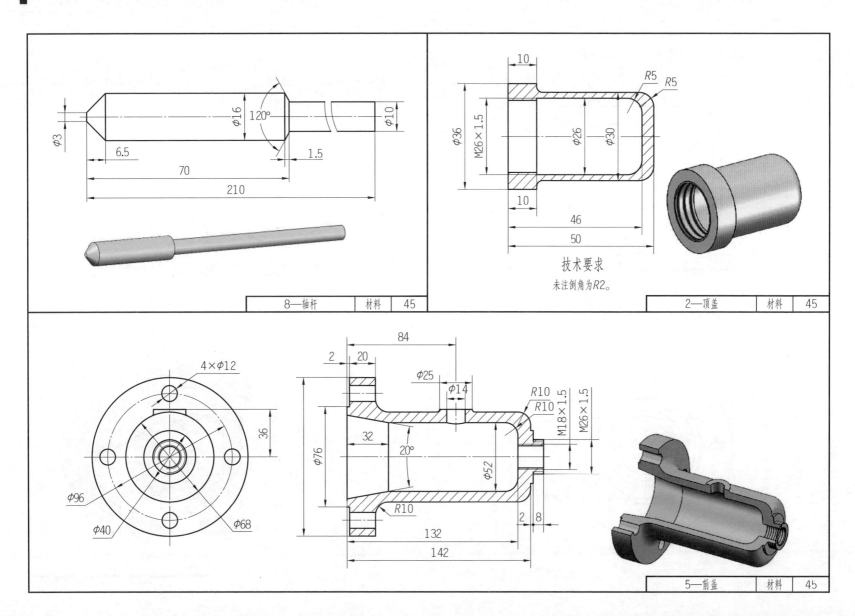

8—轴杆	材料	45

技术要求

未注倒角为R2。

2—顶盖	材料	45

5—前盖	材料	45

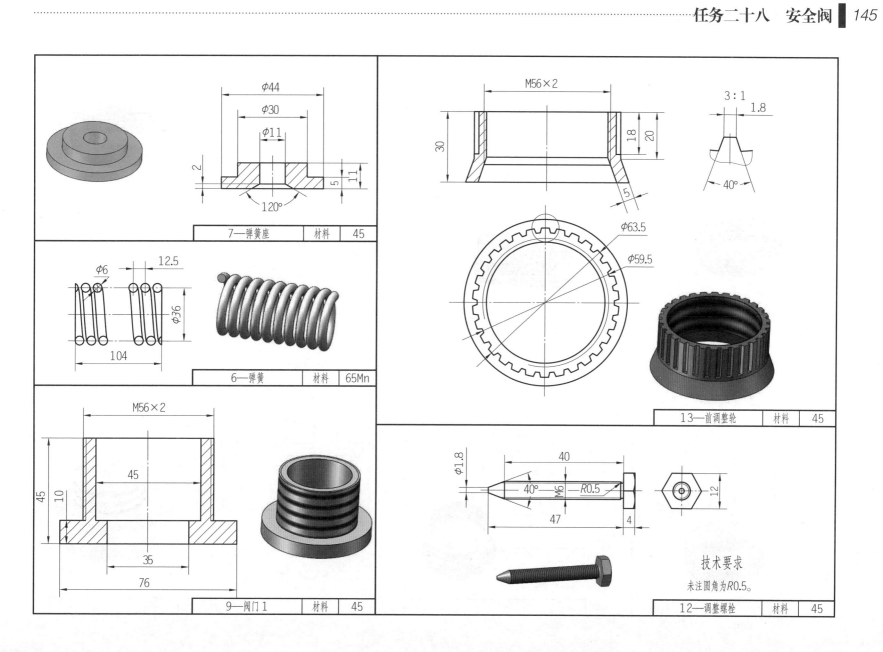

φ44
φ30
φ11
2
5
11
120°

| 7—弹簧座 | 材料 | 45 |

φ6
12.5
φ36
104

| 6—弹簧 | 材料 | 65Mn |

M56×2
45
45
10
35
76

| 9—阀门1 | 材料 | 45 |

M56×2
30
18
20
5
3:1
1.8
40°

φ63.5
φ59.5

| 13—前调整轮 | 材料 | 45 |

φ1.8
40°
M6
R0.5
40
47
4
12

技术要求

未注圆角为R0.5。

| 12—调整螺栓 | 材料 | 45 |

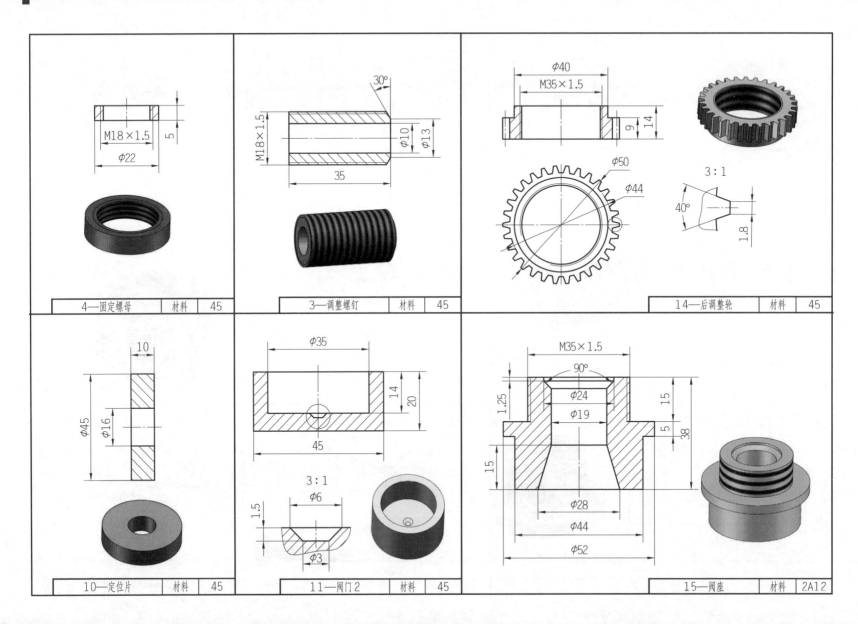

4—固定螺母	材料	45
3—调整螺钉	材料	45
14—后调整轮	材料	45
10—定位片	材料	45
11—阀门2	材料	45
15—阀座	材料	2A12

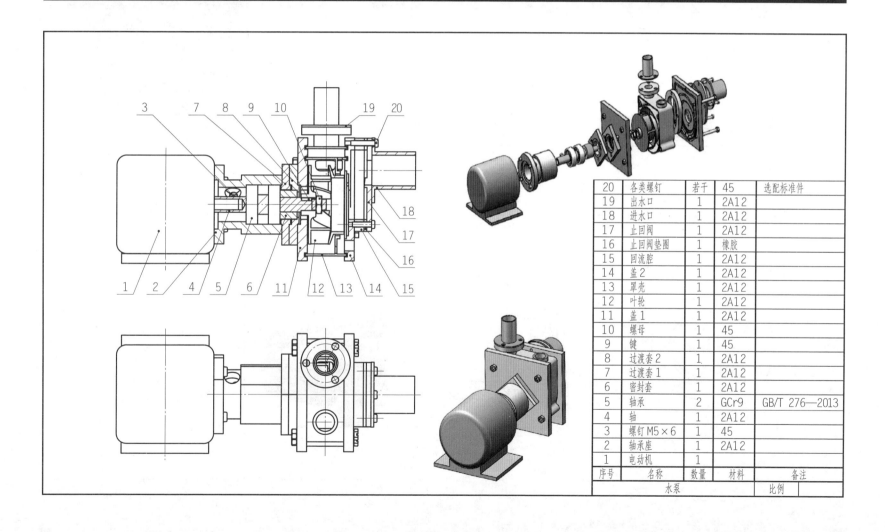

20	各类螺钉	若干	45	选配标准件
19	出水口	1	2A12	
18	进水口	1	2A12	
17	止回阀	1	2A12	
16	止回阀垫圈	1	橡胶	
15	回流腔	1	2A12	
14	盖2	1	2A12	
13	罩壳	1	2A12	
12	叶轮	1	2A12	
11	盖1	1	2A12	
10	螺母	1	45	
9	键	1	45	
8	过渡套2	1	2A12	
7	过渡套1	1	2A12	
6	密封套	1	2A12	
5	轴承	2	GCr9	GB/T 276—2013
4	轴	1	2A12	
3	螺钉M5×6	1	45	
2	轴承座	1	2A12	
1	电动机	1		
序号	名称	数量	材料	备注
	水泵			比例

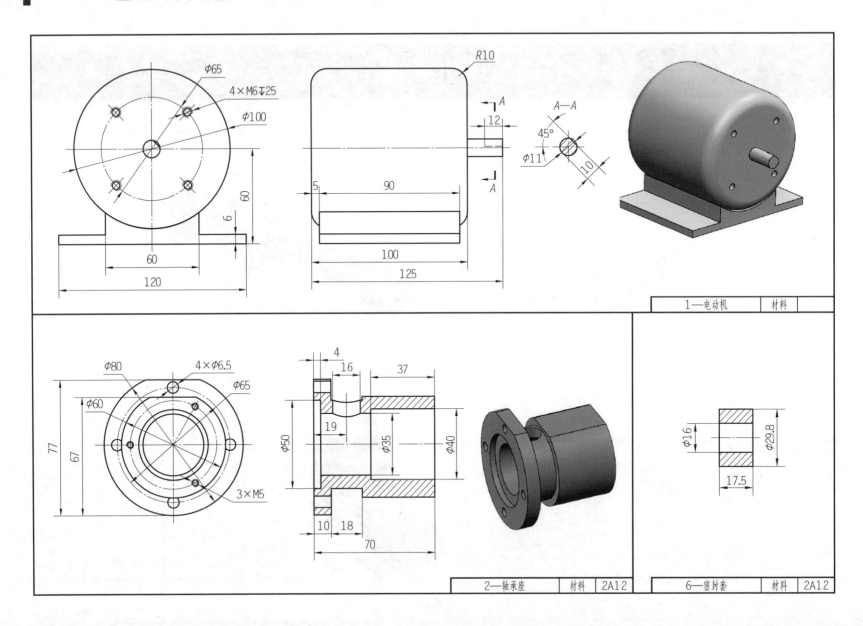

1—电动机	材料	
2—轴承座	材料	2A12
6—密封套	材料	2A12

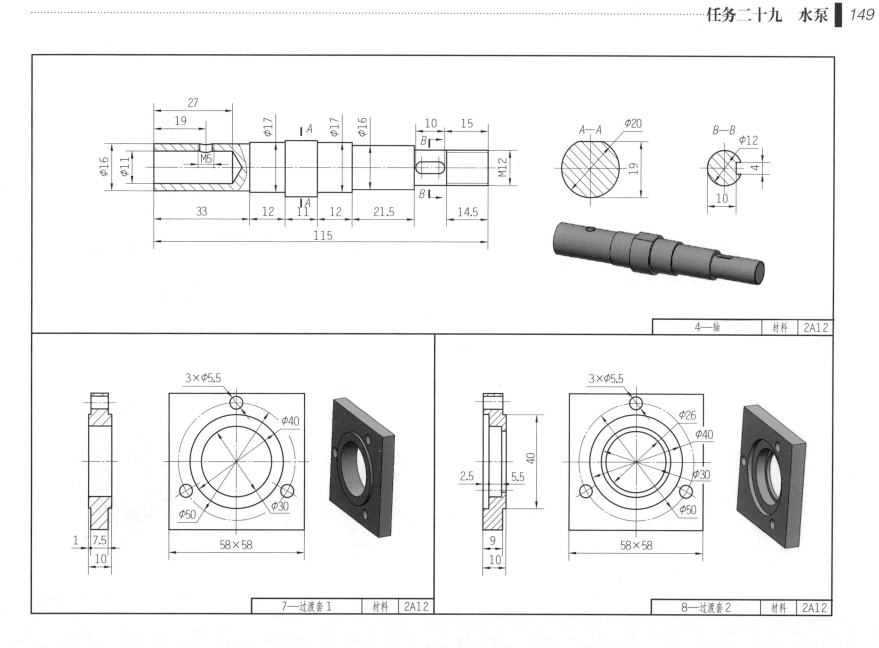

4—轴　材料　2A12

7—过渡套1　材料　2A12

8—过渡套2　材料　2A12

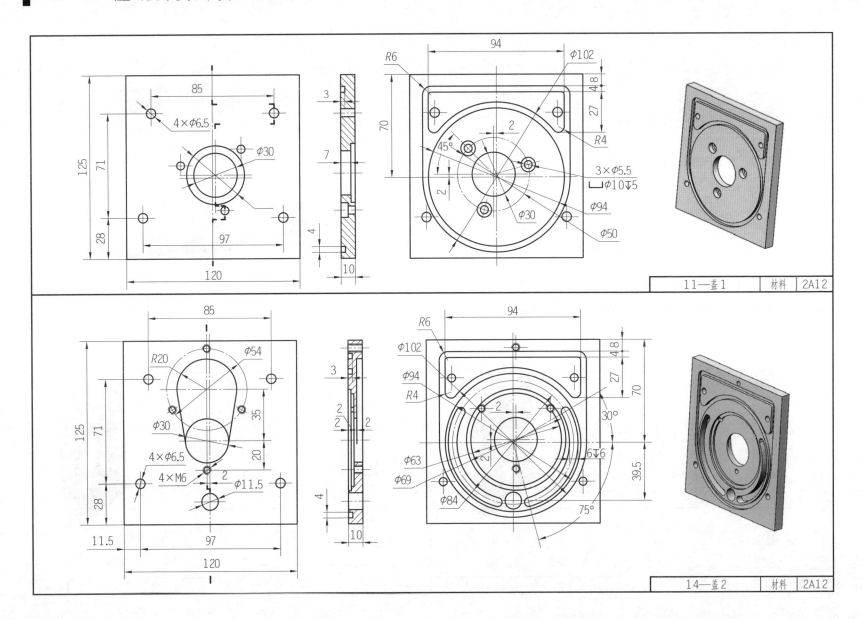

| 11—盖1 | 材料 | 2A12 |

| 14—盖2 | 材料 | 2A12 |

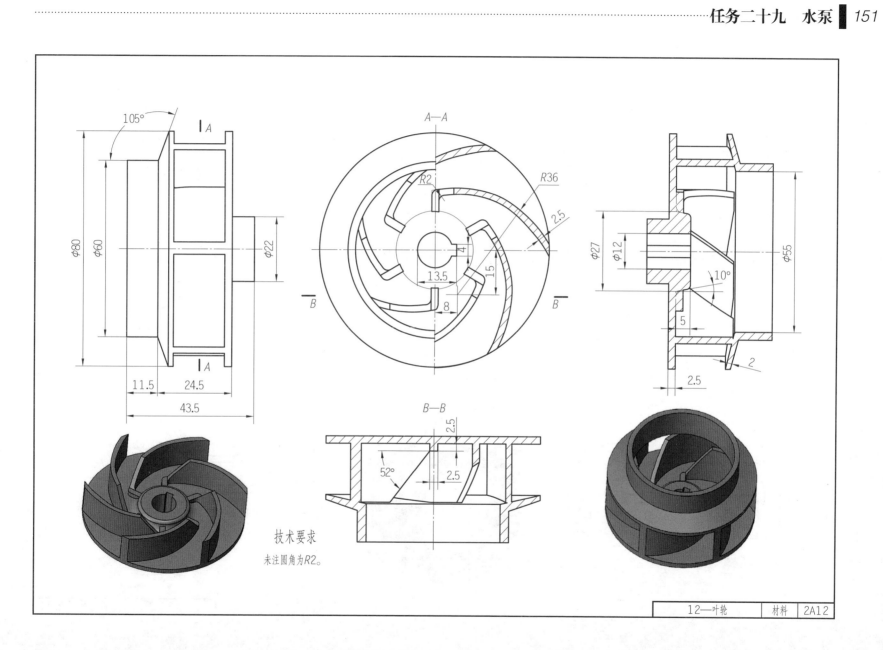

技术要求

未注圆角为R2。

12—叶轮　材料　2A12

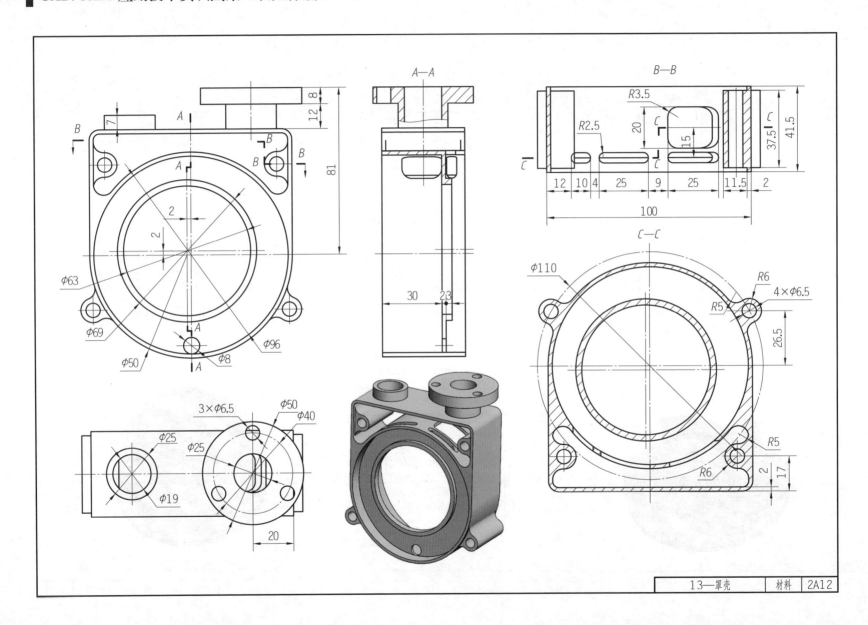

| | 13—罩壳 | 材料 | 2A12 |

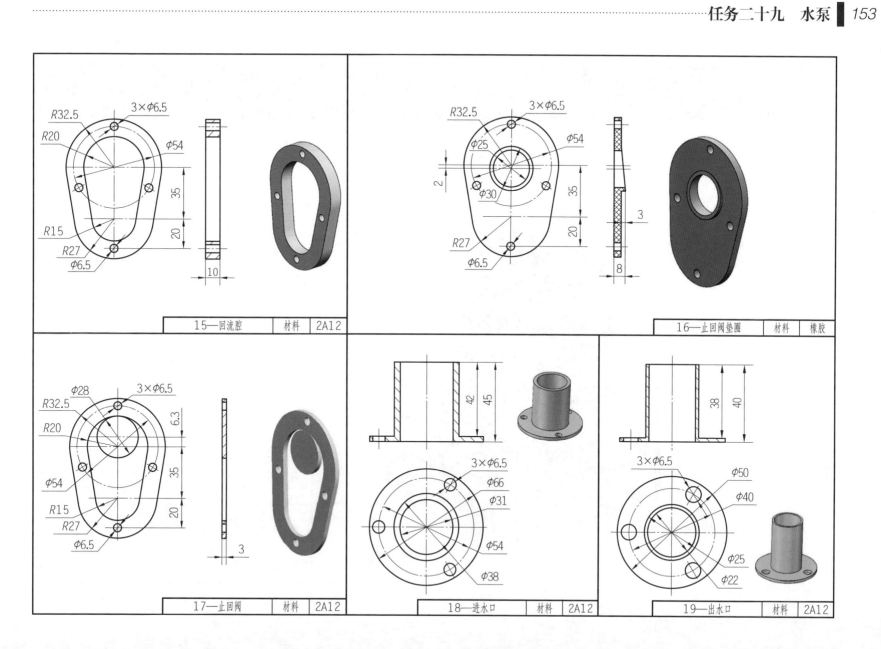

15—回流腔　材料　2A12

16—止回阀垫圈　材料　橡胶

17—止回阀　材料　2A12

18—进水口　材料　2A12

19—出水口　材料　2A12

任务三十　摇　头　风　扇

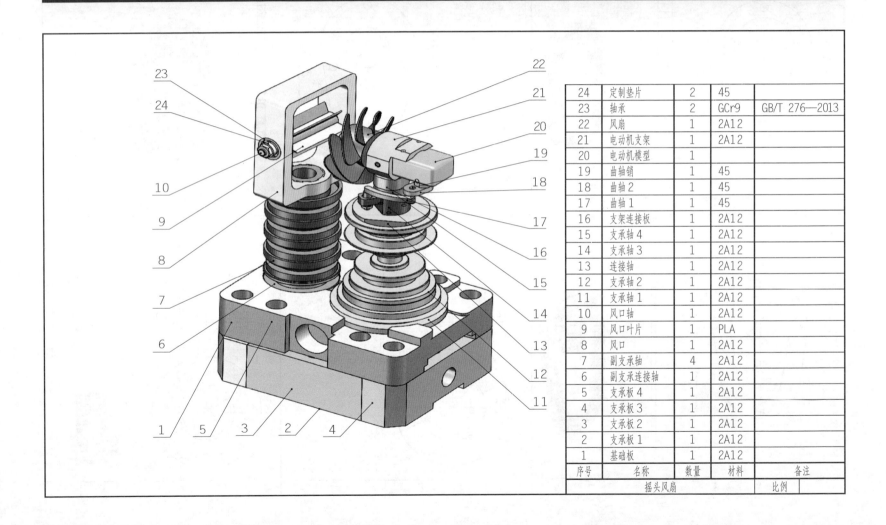

序号	名称	数量	材料	备注
24	定制垫片	2	45	
23	轴承	2	GCr9	GB/T 276—2013
22	风扇	1	2A12	
21	电动机支架	1	2A12	
20	电动机模型	1		
19	曲轴销	1	45	
18	曲轴2	1	45	
17	曲轴1	1	45	
16	支架连接板	1	2A12	
15	支承轴4	1	2A12	
14	支承轴3	1	2A12	
13	连接轴	1	2A12	
12	支承轴2	1	2A12	
11	支承轴1	1	2A12	
10	风口轴	1	2A12	
9	风口叶片	1	PLA	
8	风口	1	2A12	
7	副支承轴	4	2A12	
6	副支承连接轴	1	2A12	
5	支承板4	1	2A12	
4	支承板3	1	2A12	
3	支承板2	1	2A12	
2	支承板1	1	2A12	
1	基础板	1	2A12	
序号	名称	数量	材料	备注
	摇头风扇		比例	

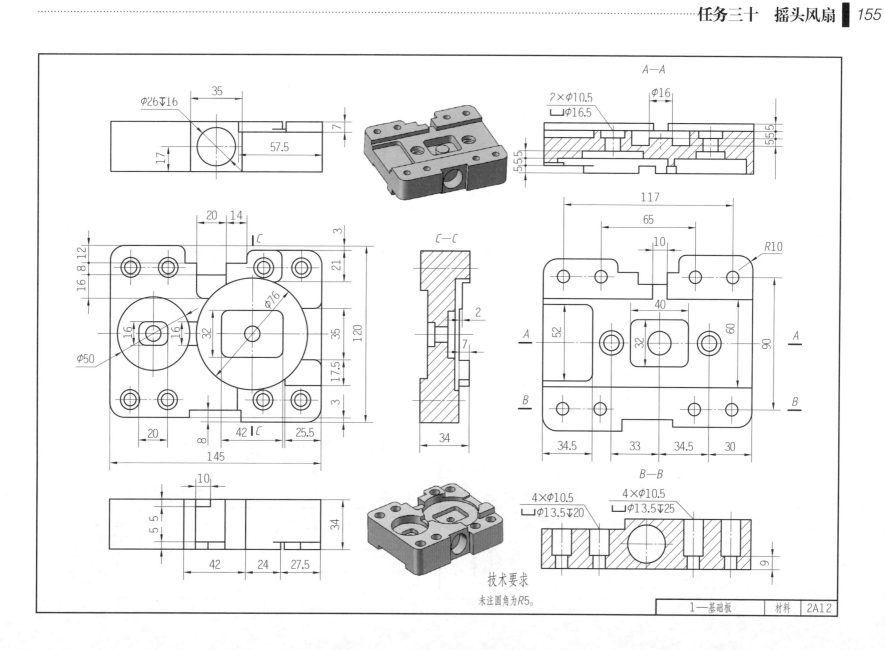

技术要求

未注圆角为R5。

| 1—基础板 | 材料 | 2A12 |

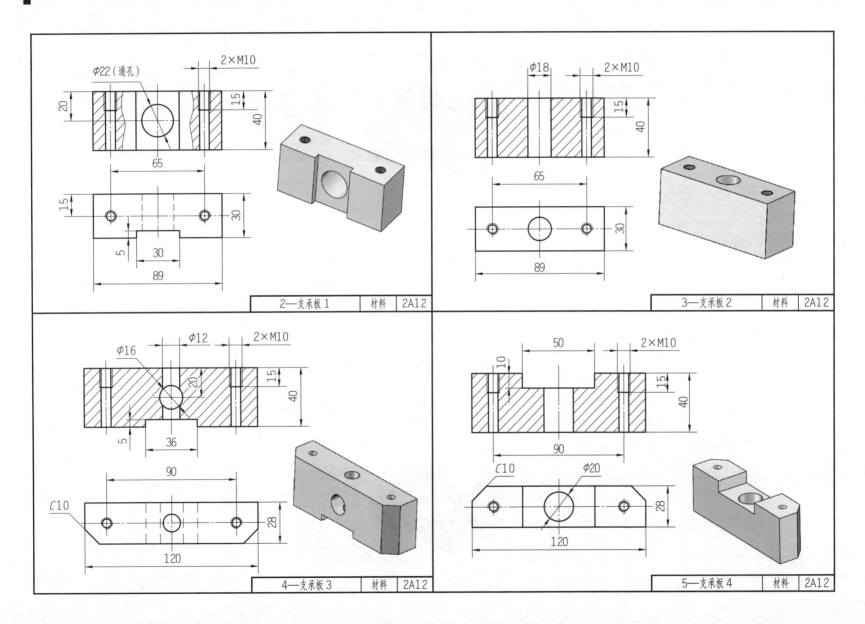

2—支承板1	材料	2A12

3—支承板2	材料	2A12

4—支承板3	材料	2A12

5—支承板4	材料	2A12

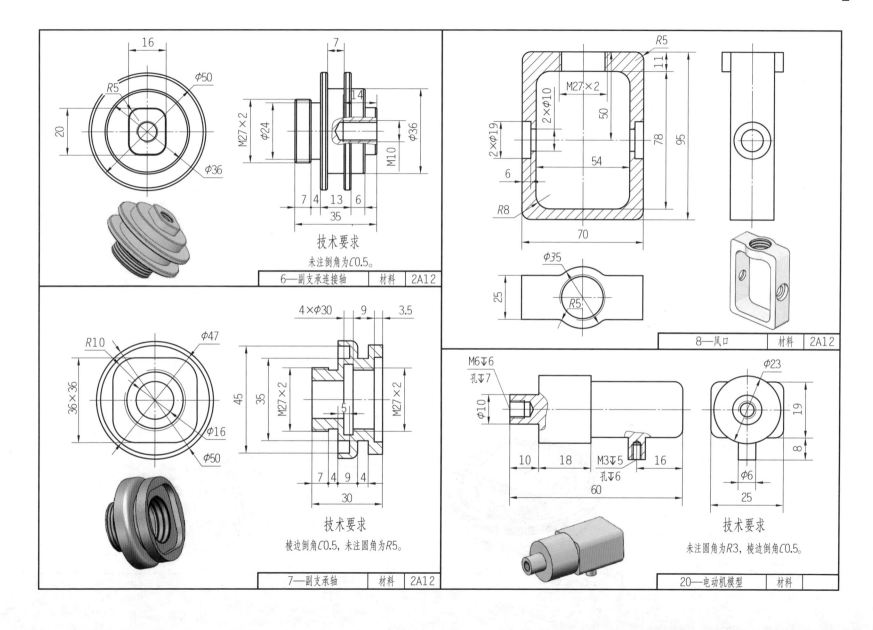

技术要求

未注倒角为C0.5。

| 6—副支承连接轴 | 材料 | 2A12 |

技术要求

棱边倒角C0.5，未注圆角为R5。

| 7—副支承轴 | 材料 | 2A12 |

| 8—风口 | 材料 | 2A12 |

技术要求

未注圆角为R3，棱边倒角C0.5。

| 20—电动机模型 | 材料 | |

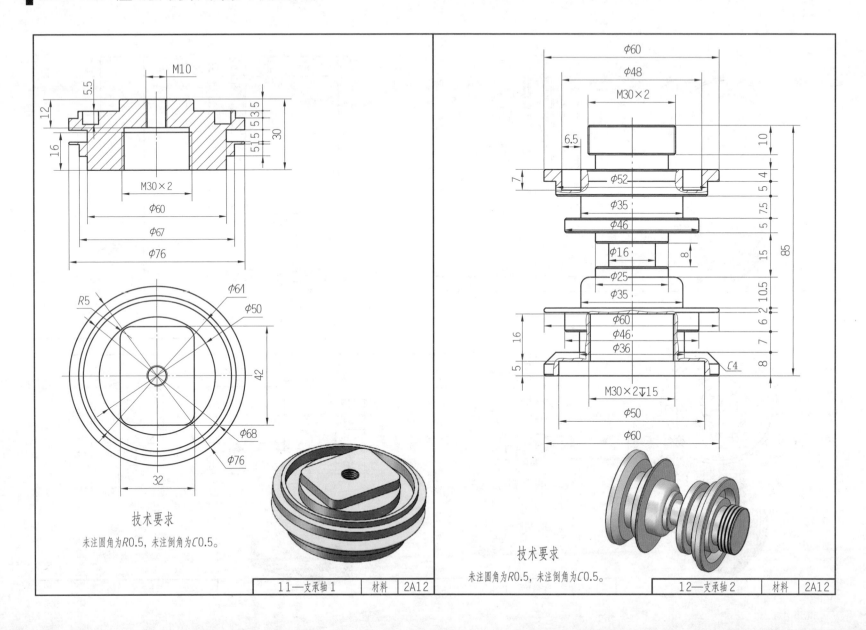

M10

5.5
12
16

M30×2

5.5
5.5
3.5
30

M30×2
Φ60
Φ67
Φ76

R5
Φ61
Φ50
42
Φ68
Φ76
32

技术要求

未注圆角为R0.5，未注倒角为C0.5。

11—支承轴1 | 材料 | 2A12

Φ60
Φ48
M30×2
6.5
7
Φ52
Φ35
Φ46
Φ16
8
Φ25
Φ35
Φ60
Φ46
Φ36
16
5

10
4
5
7.5
5
15
85
2
10.5
6
7
8

C4

M30×2▽15
Φ50
Φ60

技术要求

未注圆角为R0.5，未注倒角为C0.5。

12—支承轴2 | 材料 | 2A12

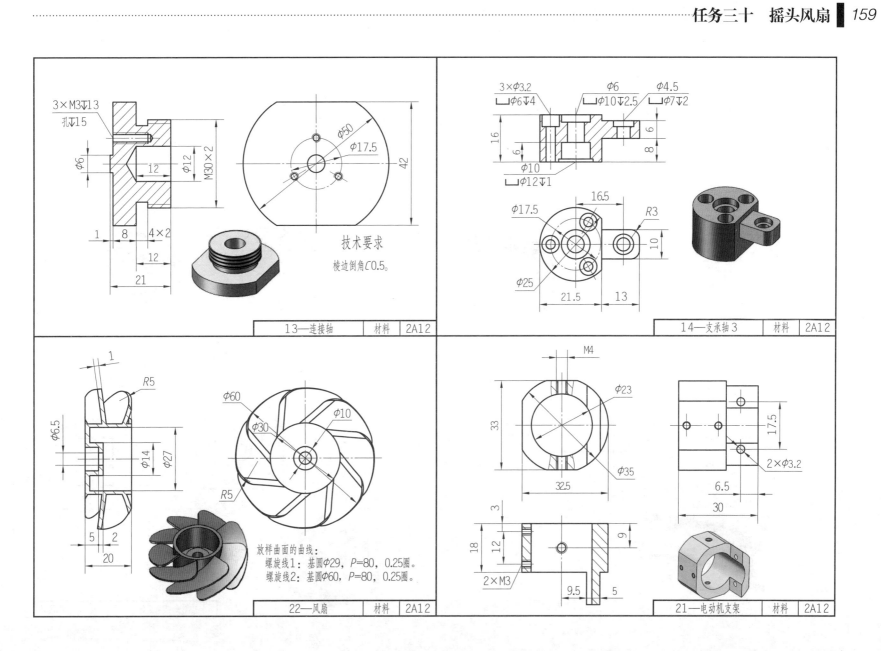

3×M3↓13
孔↓15
φ6
12
φ12
M30×2
φ50
φ17.5
42
1 8 4×2
12
21

技术要求

棱边倒角C0.5。

13—连接轴 | 材料 | 2A12

3×φ3.2
⌴φ6↓4
φ6
⌴φ10↓2.5
φ4.5
⌴φ7↓2
16
6
φ10
⌴φ12↓1
8
6
φ17.5
16.5
R3
φ25
10
21.5
13

14—支承轴3 | 材料 | 2A12

1
R5
φ60
φ30
φ10
φ6.5
φ14
φ27
R5
5 2
20

放样曲面的曲线：
螺旋线1：基圆φ29，P=80，0.25圈。
螺旋线2：基圆φ60，P=80，0.25圈。

22—风扇 | 材料 | 2A12

M4
φ23
33
φ35
32.5
17.5
2×φ3.2
6.5
30
3
18
12
9
2×M3
9.5 5

21—电动机支架 | 材料 | 2A12

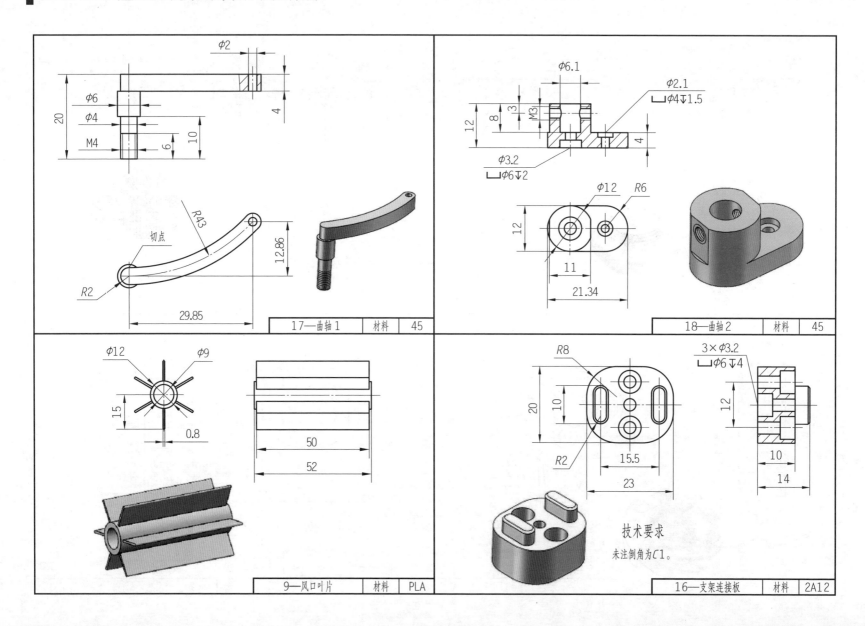

| 17—曲轴1 | 材料 | 45 |

| 18—曲轴2 | 材料 | 45 |

| 9—风口叶片 | 材料 | PLA |

技术要求

未注倒角为C1。

| 16—支架连接板 | 材料 | 2A12 |

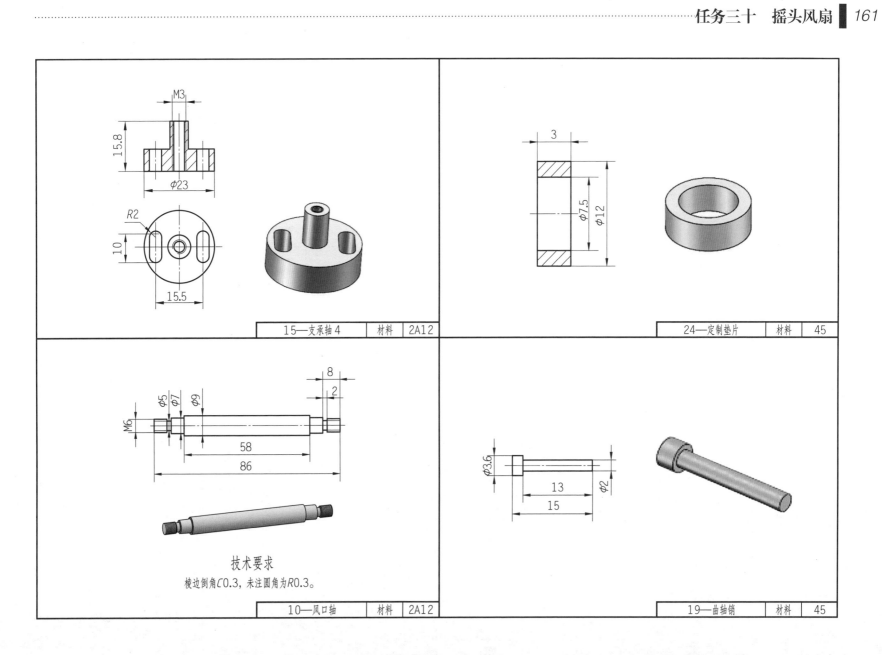

M3

15.8

φ23

R2

10

15.5

15—支承轴4 | 材料 | 2A12

3

φ7.5

φ12

24—定制垫片 | 材料 | 45

8

2

φ5 φ7 φ9

M6

58

86

技术要求

棱边倒角C0.3，未注圆角为R0.3。

10—风口轴 | 材料 | 2A12

φ3.6

13

φ2

15

19—曲轴销 | 材料 | 45